AF173390

Schriftenreihe der ASI – Arbeitsgemeinschaft Sozialwissenschaftlicher Institute

Reihe herausgegeben von
F. Faulbaum, Duisburg, Deutschland
P. Hill, Aachen, Deutschland
B. Pfau-Effinger, Hamburg, Deutschland
J. Schupp, Berlin, Deutschland
J. Schröder, Mannheim, Deutschland
C. Wolf, Mannheim, Deutschland

Reihe herausgegeben von

Frank Faulbaum
Universität Duisburg-Essen

Paul Hill
RWTH Aachen

Birgit Pfau-Effinger
Universität Hamburg

Jette Schröder
GESIS – Leibniz-Institut für
Sozialwissenschaften, Mannheim

Christof Wolf
GESIS – Leibniz-Institut für
Sozialwissenschaften, Mannheim

Jürgen Schupp
Deutsches Institut für
Wirtschaftsforschung e.V. Berlin
(DIW)

Weitere Bände in der Reihe http://www.springer.com/series/11434

Christian König · Jette Schröder
Erich Wiegand
(Hrsg.)

Big Data

Chancen, Risiken,
Entwicklungstendenzen

 Springer VS

Herausgeber
Christian König
Wiesbaden, Deutschland

Erich Wiegand
Frankfurt am Main, Deutschland

Jette Schröder
Mannheim, Deutschland

Schriftenreihe der ASI – Arbeitsgemeinschaft Sozialwissenschaftlicher Institute
ISBN 978-3-658-20082-4   ISBN 978-3-658-20083-1   (eBook)
https://doi.org/10.1007/978-3-658-20083-1

Die Deutsche Nationalbibliothek verzeichnet diese Publikation in der Deutschen National-
bibliografie; detaillierte bibliografische Daten sind im Internet über http://dnb.d-nb.de abrufbar.

Springer VS

Gedruckt auf säurefreiem und chlorfrei gebleichtem Papier

Springer VS ist Teil von Springer Nature
Die eingetragene Gesellschaft ist Springer Fachmedien Wiesbaden GmbH
Die Anschrift der Gesellschaft ist: Abraham-Lincoln-Str. 46, 65189 Wiesbaden, Germany

Inhalt

Vorwort

Die vorliegende Publikation dokumentiert die Beiträge der wissenschaftlichen Fachtagung „Big Data – Chancen, Risiken, Entwicklungstendenzen", die am 29. und 30. Juni 2017 im Statistischen Bundesamt, Wiesbaden, stattgefunden hat. Die Tagung ist die zwölfte Veranstaltung einer Reihe wissenschaftlicher Fachtagungen, die das Statistische Bundesamt in Zusammenarbeit mit dem ADM Arbeitskreis Deutscher Markt- und Sozialforschungsinstitute e.V. und der Arbeitsgemeinschaft Sozialwissenschaftlicher Institute e.V. (ASI) seit dem Jahr 1995 in zweijährigen Abständen erfolgreich durchführt.

Die etablierte Veranstaltungsreihe gemeinsamer wissenschaftlicher Fachtagungen ist Themenbereichen gewidmet, die für für Marktforscher/innen, Sozialwissenschaftler/innen und die amtliche Statistik gleichermaßen von Interesse sind. Sie fördert damit den intensiven, persönlichen Informations- und Erfahrungsaustausch zwischen den beteiligten Gruppen und trägt auf diese Weise zum wechselseitigen Verständnis der jeweiligen Forschungsinteressen und -probleme bei.

Die inhaltliche Klammer der einzelnen Fachtagungen ist der Aspekt der Förderung und Sicherung der wissenschaftlichen Qualität der empirischen Forschung in akademischen Forschungseinrichtungen und privatwirtschaftlichen Forschungseinrichtungen sowie der Datengewinnung in der amtlichen Statistik. Um Fragestellungen zu bearbeiten, die in den jeweiligen Bereichen relevant sind, werden in all diesen Institutionen zunehmend auch Big Data, also große, komplexe und schnelllebige Datenmengen, die durch die Nutzung elektronischer Technologien anfallen, analysiert. Hinsichtlich der Datengrundlage und zum Teil auch der Analysemethoden werden damit neue Wege beschritten, der Anspruch an die Qualität der Daten sowie der Forschungsergebnisse bleibt davon jedoch unberührt. Ziel der diesjährigen Tagung war es daher nicht nur, einen Einblick in die Nutzung von Big Data in den verschiedenen Bereichen zu geben, sondern auch die damit verbundenen Chancen und Herausforderungen zu adressieren.

Der Dank der Herausgeber gilt dem Moderator – Herrn Thomas Riede – und allen Referentinnen und Referenten für ihre Beiträge sowie Frau Bettina Zacharias und Herrn Marco Schwickerath für ihre engagierte Hilfe bei der Erstellung des Bandes. Nicht vergessen werden sollen darüber hinaus alle diejenigen, die durch ihre organisatorische und technische Unterstützung im Hintergrund die Durchführung der Tagung möglich gemacht und zu ihrem Gelingen beigetragen haben. Wir hoffen, dass auch dieser Band wie seine Vorgänger auf ein positives Echo stoßen wird und wünschen eine anregende Lektüre.

Wiesbaden, Mannheim, Frankfurt a.M. im August 2017

Christian König, Jette Schröder & Erich Wiegand

Begrüßung durch die Direktorin beim Statistischen Bundesamt

Sibylle von Oppeln-Bronikowski

Sehr geehrte Damen und Herren,

herzlich willkommen in Wiesbaden zu unserer wissenschaftlichen Tagung „Big Data – Chancen, Risiken, Entwicklungstendenzen".

Das Bild von der Spitze eines Eisbergs und der Titel unserer Tagung – ich glaube, Sie sehen sehr schnell die Allegorie: mit der Spitze des Daten-Eisbergs, die wir sehen, wissen wir auch, welche Chancen noch unter der Wasseroberfläche liegen – wir sehen aber auch die Risiken, die wir bei der Entwicklung bedenken müssen.

Unsere diesjährige Veranstaltung ist die zwölfte gemeinsame wissenschaftliche Tagung vom ADM Arbeitskreis Deutscher Markt- und Sozialforschungsinstitute e.V., der Arbeitsgemeinschaft Sozialwissenschaftlicher Institute e.V. (ASI) und des Statistischen Bundesamtes (Destatis).

Wir blicken mit der zweijährlichen Veranstaltungsreihe nunmehr auf fast 25 Jahre gemeinsame Arbeit zurück, die allen beteiligten Institutionen wichtige Anregungen für ihre Arbeit geliefert und viele positive Entwicklungen angestoßen hat. Wir hoffen, dass wir diese Tradition noch lange fortsetzen können. Die diesjährige Tagung zeigt erneut, dass wir uns in unseren Themen permanent weiterentwickeln müssen und das gelingt in der Regel gemeinsam deutlich besser.

Die neuen digitalen Daten, umgangssprachlich als Big Data bezeichnet, werden die Informationsproduktion sowie -nutzung sowohl in der Marktforschung als auch der amtlichen Statistik nachhaltig verändern. Auch die empirische Sozialforschung wird ihre Arbeitsweise verändern müssen. Die statistischen Produkte, kommerzielle wie öffentliche, werden deutlich komplexer. Dadurch entstehen neue Herausforderungen für die Produktion der statistischen Ergebnisse, aber auch für die Dokumentation des Erstellungsprozesses, der noch deutlich mehr als heute bei der Nutzung auch zur Kenntnis genommen werden muss.

Die neuen digitalen Daten haben das Potenzial amtliche Statistiken zu verbessern, zu beschleunigen, präziser im Detail auszugestalten und völlig neue Sachverhalte empirisch darzustellen und dies bei einer spürbaren Entlastung der Auskunftgebenden.

Hierzu müssen sich die amtliche Statistik ebenso wie privatwirtschaftliche Datenproduzenten und Forschungsinstitute weiterentwickeln und für vielfältige Herausforderungen Antworten erarbeiten; Qualität und Privacy sind hier eingängige Stichworte.

Bei der Diskussion über neue digitale Daten müssen auch Fragen zu ethischen Beschränkungen einbezogen werden. Die Frage nach den Grenzen der Nutzung neuer digitaler Daten ist eine gesellschaftliche und politische Frage. Es ist zu befürchten, dass wir uns nun in den empirischen Disziplinen in demselben ethischen Dilemma befinden, welches in anderen Forschungsbereichen, wie in der Physik oder in der Medizin, schon länger vorherrscht: Was machbar ist, macht auch irgendwer, irgendwo. Ein weiteres Dilemma wird es sein, analog zur Medizin, dass in den Daten mehr Informationen über Personen oder auch Unternehmen enthalten sind, als es die jeweiligen Merkmalsträger selbst über sich wissen oder selbst erschließen können. Die amtliche Statistik wird hier konservativ agieren. Wir sind und werden nicht die Pioniere in der Nutzung dieser neuen digitalen Daten sein. Relevante Entwicklungen, welche die amtliche Statistik weiterentwickeln und verbessern können, werden wir im Dialog mit unseren ‚Stakeholdern' aber aufgreifen.

Hierzu haben wir im letzten Jahr ein entsprechendes Referat im Institut für Forschung und Entwicklung in der Bundestatistik eingerichtet. Gemeinsam mit unseren Partnern im Europäischen Statistischen System, mit der Wissenschaft, anderen statistischen Institutionen – wie z.B. der Bundesagentur für Arbeit – und nicht zuletzt mit den Statistischen Landesämtern wollen wir den Eisberg „sichten".

Auch der Statistische Beirat hat das Thema aufgegriffen und eine AG ‚Neue digitale Daten' etabliert, die u.a. Empfehlungen des Statistischen Beirates erarbeiten soll.

Wie Sie sicher wissen, hat sich die Struktur unseres Statistischen Beirates mit der Modifizierung des Bundesstatistikgesetzes im Sommer 2016 geändert. Nunmehr wählt der Statistische Beirat seinen Vorsitzenden aus seiner Mitte. Und wir sind sehr glücklich darüber, dass der Beirat einen so profunden und kompetenten Kenner der Bundesstatistik zu seinem Vorsitzenden gewählt hat und freuen uns auf die Zusammenarbeit – und natürlich auch auf den Vortrag – von Prof. Thomas Bauer.

Neue digitale Daten werden aber nicht die bisherigen Daten ersetzen. Die Antwort liegt in der Integration der Daten. Zusammengeführte Daten aus Befragungen, administrativen und neuen digitalen Datenquellen werden die Basis amtlicher Statistik im nächsten Jahrzehnt sein.

Eines der wichtigsten Kriterien ist hierbei die Qualität der Daten sowie der Ergebnisse. Es dürfen keine Blackboxes entstehen. Der European Code of Practice ist hierbei unser Leitfaden, insbesondere bei der Verwendung neuer digitaler Daten.

Wie Sie bemerkt haben, versuche ich den Begriff ‚Big Data‘ möglichst zu vermeiden. Unter Big Data wird vieles subsumiert, auch ‚Big Brother‘. Big Data wird als Hype vergehen, dies ist auch gut so, aber die neuen digitalen Daten und die damit verbundenen Möglichkeiten und Herausforderungen werden bleiben.

In manchen Kontexten wird auch von ‚Smart Data‘ gesprochen im Sinne von „geschickt oder clever nutzbaren Daten" – und letzten Endes geht es genau darum: Daten geschickt zu nutzen, um daraus Informationen und Wissen zu generieren.

Es bleibt zu hoffen, dass die Auseinandersetzung mit den derzeitigen neuen digitalen Daten uns auf die kommende Datenwelle mit dem sogenannten ‚Internet der Dinge‘ ausreichend vorbereitet – denn unter der Wasseroberfläche liegt sicher noch viel mehr von dem Eisberg, als das, was wir jetzt sehen.

Und von daher haben wir sicher auch kein Problem, die fruchtbare Zusammenarbeit von ADM, ASI und Destatis mit weiteren spannenden Themen in den kommenden wissenschaftlichen Tagungen fortzusetzen.

Meine sehr geehrten Damen und Herren, ich möchte allen Referentinnen und Referenten für Ihre Beiträge danken. Mein Dank gilt auch Herrn Riede, der unsere Tagung moderieren wird.

Der heutige Tag schließt in guter Tradition mit einem „Get together", zu dem Sie alle direkt im Anschluss an die Veranstaltung hier im Foyer herzlich eingeladen sind. Mein Dank gilt dem ADM, der uns freundlicherweise auch dieses Jahr hierbei wieder eine Bewirtung ermöglicht.

Mein Dank gilt auch der ASI, die sich wieder für die Produktion des Tagungsbandes verantwortlich zeichnen wird sowie allen Mitarbeiterinnen und Mitarbeitern im Statistischen Bundesamt, die zur Organisation der Tagung beigetragen haben.

Nun gebe ich Herrn Riede das Wort und wünsche Ihnen und uns als gemeinsame Veranstalter eine gute Konferenz mit vielen spannenden Diskussionen.

Big Data –
Chancen, Risiken, Entwicklungstendenzen
Einführung in die Tagung

Thomas Riede
Statistisches Bundesamt

Der Titel unserer Tagung lautet „Big Data – Chancen, Risiken, Entwicklungstendenzen". Dabei umreißt der Untertitel sehr gut das Spektrum der zweitägigen Veranstaltung: Die „Rohstoffe des 21. Jahrhunderts", wie Bundeskanzlerin Angela Merkel zur Eröffnung der Cebit 2016 die Fülle der neuen digitalen Daten bezeichnete,[1] bieten viele neue Möglichkeiten, aber auch eine beachtliche Fülle an Herausforderungen und Risiken. Nichtsdestotrotz oder gerade aus diesen Gründen entwickelt sich derzeit vieles im Bereich der Informationsproduktion, von einigen Entwicklungen werden wir heute und morgen hören.

Die neuen digitalen Daten haben mehrere Dimensionen an Herausforderungen für die amtliche Statistik aber auch für die privatwirtschaftlichen wie akademischen Forschungsinstitute.

---

1   siehe https://www.bundeskanzlerin.de/Content/DE/Podcast/2016/2016-03-12-Video-Podcast/links/download-PDF.pdf;jsessionid=BA41F820DF59F2F7EC482D4B6 AC7EE05.s4t2?__blob=publicationFile&v=2. Zugegriffen: 01.08.2017

Rahmenbedingungen der Datennutzung

So stellt sich zunächst die Frage nach den rechtlichen Rahmenbedingungen. Welche Datennutzung ist unter der gegebenen Rechtslage zulässig? Welche rechtlichen Rahmenbedingen sind wie weiterzuentwickeln, um künftig neue digitale Daten für Statistiken (z.b. Satellitendaten zur Pflege eines Gebäuderegisters) verstärkt nutzen zu können? Dies sind Aspekte aus Sicht der amtlichen Statistik, mehr dazu aus juristischer Sicht, werden wir morgen von Herrn *Prof. Dr. Gerrit Hornung* vom Institut für Wirtschaftsrecht der Universität Kassel in seinem Vortrag „Datenschutz bei Big Data – Rechtliche und politische Implikationen" hören.

Zu den rechtlichen Fragestellungen gehört an dieser Stelle übrigens auch die Frage des Zugangs zu den digitalen Daten, die bei privatwirtschaftlich organisierten Unternehmen und Betrieben in deren Geschäftsprozess anfallen. Exemplarisch kann hier das französische Digitalgesetz – Loi n° 2016-1321 pour une République numérique[2] – angeführt werden. Das Digitalgesetz wurde am 7. Oktober 2016 verabschiedet und stellt eine Erweiterung des französischen Gesetzes über die Verpflichtung, Koordinierung und Geheimhaltung auf dem Gebiet der Statistik vom 7. Juni 1951 dar. Das neue französische Digitalgesetz regelt unter anderem Bereiche wie Open Data, Netzneutralität, den Schutz personenbezogener Daten und das Recht auf Glasfasernetzzugang. Durch Artikel 19 dieses Gesetzes wird eine Rechtsgrundlage geschaffen, die es dem französischen Ministerium für Wirtschaft und Finanzen erlaubt, Privatunternehmen („privatrechtliche juristische Personen") dazu zu verpflichten, Informationen aus ihren Datenbanken über sichere elektronische Wege mit dem französischen Statistikamt INSEE und/oder den Statistikabteilungen der Ministerien zu teilen.

---

2 siehe https://www.legifrance.gouv.fr/affichTexte.do?cidTexte=JORFTEXT0000332 02746&categorieLien=id Zugegriffen: 01.08.2017

Aus- und Weiterbildung

Ein weiteres, sehr breites Feld, in dem sich sowohl die amtliche Statistik als auch die kommerzielle und akademische Sozial- und Wirtschaftsforschung im Kontext „Big Data" richtig aufstellen müssen, ist die Aus- und Weiterbildung der geeigneten Fachkräfte. Hierzu wird Frau *Prof. Dr. Frauke Kreuter* von der Universität Mannheim in ihrem Vortrag „International Program in Survey and Data Science" berichten. Herr *Prof. Dr. Göran Kauermann* von der Ludwig-Maximilians-Universität München referiert zur universitären Ausbildung im „Data Science als Studiengang".

Datenspezifische Herausforderungen

Vor allem mit Blick auf die Qualität der Ergebnisse und im Bereich der Methoden stellen sich viele datenspezifische Herausforderungen durch die neuen digitalen Daten.

Während für die amtliche Statistik die Qualitätsstandards vor allem durch den Verhaltenskodex für europäische Statistiken (Code of Practice)[3] definiert werden, sind es für die Marktforschung insbesondere die Normen der Internationalen Organisation für Normung (ISO-Normen), die die Grundlagen des Qualitätsmanagements darstellen. Über Hintergründe und Inhalte der im März 2017 veröffentlichten „ISO Norm 19731 – Digital Analytics and Web Analyses" wird Herr *Erich Wiegand* vom ADM Arbeitskreis Deutscher Marktforschungsinstitute e.V. berichten.

Dass auch in Methodenfragen nicht nur Chancen sondern auch Risiken und durchaus auch Schwierigkeiten mit den neuen digitalen Daten verbunden sein können, zeigt Frau *Dr. Martina Rengers* vom Statistischen Bundesamt (Destatis) in ihrem Vortrag „Internetbasierte Erfassung offener Stellen im Statistischen Bundesamt", in dem sie über Ergebnisse aus einem der Projekte, die im Rahmen des Europäischen Statistischen Systems angestoßen wurden und an dem Destatis mitarbeitet, berichtet.

Im Bereich der Methoden ergeben sich auch noch weitere neue Fragen: Was sind die richtigen Methoden, mit denen sich in den Unternehmen, die ihren „Rohstoff" oft noch gar nicht richtig nutzen, aus den bei ihnen anfal-

---

3   siehe https://www.destatis.de/DE/Publikationen/WirtschaftStatistik/Allgemeines-Methoden/Verhaltenskodex2011_122012.html Zugegriffen: 01.08.2017

lenden Daten tatsächlich auch Information generieren lassen? Frau *Katharina Schüller* von der STAT-UP Statistical Consulting & Data Science GmbH wird in ihrem Vortrag „Big Data in der statistischen Methodenberatung" aus ihrer Praxis berichten. Auch Herr *Prof. Dr. Thomas K. Bauer* vom RWI - Leibniz-Institut für Wirtschaftsforschung e.V. in Essen und der Ruhr-Universität Bochum stellt in seinem Vortrag fest, dass Big Data in nahezu allen Unternehmen anfallen. Sein Thema ist, wie sich das Potenzial von „Big Data in der wirtschaftswissenschaftlichen Forschung" erschließen lässt.

Potenziale und Anwendungsmöglichkeiten überwiegen dann auch im Vortrag „Big Data – Anwendungen in der Marktforschung" des Vorstandsvorsitzenden des ADM *Bernd Wachter* von der PSYMA GROUP AG. Und ähnliches gilt auch für den Vortrag von *Prof. Dr. Markus Zwick* vom Statistischen Bundesamt, der über „Neue digitale Daten in der amtlichen Statistik" berichtet.

Die Vorträge der Tagung greifen beide Seiten auf: die Chancen und die Risiken der neuen digitalen Daten. Und sie zeigen, dass die Wirtschafts- und Sozialforschung, die Marktforschung wie auch die amtliche Statistik das Thema konstruktiv und offensiv angehen, die Rahmenbedingungen gestalten, die Schwierigkeiten „kennen lernen" und damit umgehen.

Big Data - Anwendungen in der Marktforschung

Bernd Wachter
PSYMA GROUP AG

1 Einleitung

Marktforschung und Big Data - bei diesem Thema liegt es nahe, zuerst einmal zu googeln, und siehe da: in nur 0,33 Sekunden 116.000 Suchergebnisse. Und schon ist man mitten drin in der Thematik und seinen Problemen: Datenmenge, -qualität und -relevanz, „Repräsentativität" und Vertrauenswürdigkeit, Fake Data, Social Bots usw. Die Erwartungen an Big Data sind hoch, seit Jahren heißt es, Daten seien „das neue Gold" oder „das neue Öl" und auch Kanzlerin Angela Merkel verkündete im Vorfeld der letztjährigen CEBIT in einer ihrer wöchentlichen Videobotschaften mit Blick auf die digitale Modernisierung der Wirtschaft, Daten seien „die Rohstoffe des 21. Jahrhunderts". Bei so viel Euphorie lohnt es sich, das Thema Big Data auch einmal etwas kritischer zu beleuchten. Und mag es auch in vielen Wirtschaftsbereichen und Anwendungen zu Erkenntnissen und (vertrieblichen) Möglichkeiten führen, die in der Vergangenheit so nicht möglich waren, so stellt sich dennoch die Frage, ob dies (uneingeschränkt) auch für die in der Vergangenheit und bis heute vor allem befragungsbasierte Marktforschung gilt.

2　Was sind „Big Data"?

Big Data ist kein klar umrissener und definierter Begriff. Es handelt sich in jedem Fall um große Datenmengen, die – so die gängige Meinung – durch die „4 Vs" Volume (Menge), Velocity (Geschwindigkeit der Mengenzunahme), Variability (Vielfalt bezüglich Inhalt, Quellen und Struktur) und Veracity (Verlässlichkeit oder auch Wahrhaftigkeit) gekennzeichnet sind. Dabei handelt es sich um Kunden-, Transaktions-, Bewegungs- und Verhaltensdaten, um Kommunikationsdaten und Social Media-Inhalte, um User Generated Content, um Daten aus Activity Trackern und Wearables, um Smart Home Daten und vielen anderen Quellen. Dabei gab es auch schon in der Vergangenheit „Big Data", zumindest solche aus teilweise sehr umfangreichen Kundendatenbanken, wie sie etwa Versandhäuser und Direktmarketingunternehmen schon seit Jahrzehnten unterhielten, und Teil des Geschäftsmodells und auch des -erfolgs waren. Insofern ist Big Data nicht etwas völlig Neues. Dabei mag es als Ironie der Geschichte anmuten, dass Unternehmen, die bis vor 10 Jahren führend waren im Bereich analytisches CRM, Kundendirektansprache, Cross Selling auf Grundlage von Vergangenheitsdaten etc., heute nicht mehr existieren, wie etwa das Versandhaus Quelle – wenn auch die Gründe für das Ausscheiden aus dem Marktgeschehen woanders zu suchen sind.

Auch wenn nicht alles an Big Data neu ist, so ist natürlich die Datenwelt heute eine völlig andere, und Big Data sind vor allem eines: große Erwartungen.

3　„Big Data" in der Marktforschung

Formal handelt es sich um Big Data in der Marktforschung um Daten, die bei passiven technischen Messungen entstehen, im Grunde also durch Zuhören und Beobachten (und dabei aufzeichnen) statt durch das Stellen von Fragen. Die Interaktion zwischen einem (menschlichen) Interviewer und einem „Testsubjekt" mit all seinen Schwächen (langsam, fehleranfällig, subjektiv, emotional, unvollständig etc.), aber auch Stärken (individuell, zielgerichtet, tiefgehend-explorativ, nachfragend etc.) findet nicht mehr statt. Stattdessen realisiert man Skaleneffekte bei der (automatisierten) Erhebung und Verarbeitung großer Datenmengen.

Aber sind mehr Daten tatsächlich auch mehr Wert und liefern sie einen Mehrwert? Der Grenznutzen je Datensatz nimmt mit zunehmender Datenmenge stark ab. Es wird lediglich die statistische Unsicherheit reduziert, das Vertrauensintervall einer Stichprobe erhöht, aber ab einer bestimmbaren, großen Stichprobengröße besitzen weitere Fälle praktisch keine statistische Relevanz mehr. Und ob im einmillionsten Datensatz noch eine neue, zusätzliche Erkenntnis oder eine bedeutsame Aussage steckt, darf bezweifelt werden, aber wenn doch, so ginge sie wohl unter. Zwar bieten große Datenmengen die Möglichkeit einer sehr differenzierten Auswertung in immer kürzer werdenden Zeitintervallen bis hin zur Analyse des Einzelfalls in Echtzeit, ein Nutzen dafür ist aber eher für das (Direkt-) Marketing denn für die Marktforschung vorstellbar.

Für die Marktforschung stellt sich wesentlich dringlicher die Frage, wovon denn überhaupt eine Stichprobe vorliegt (soweit es sich nicht um einen vollständigen Datensatz der interessierenden Zielgruppe handelt). Lassen sich daraus überhaupt generalisierbare Erkenntnisse ableiten und – falls ja – für welche Grundgesamtheit? Wen repräsentiert der Datensatz überhaupt? Weiterhin wurden die Daten in der Regel nicht zum Zwecke der Marktforschung und für die jeweils spezifische Fragestellung erhoben. Damit ist eine Vollständigkeit der Variablen im Hinblick auf den Untersuchungsgegenstand, aber auch bezüglich des Untersuchungsobjekts praktisch nie gegeben. So gibt es bei Mess- und Beobachtungsdaten keine oder kaum soziodemographische Informationen. Und entgegen landläufiger Meinung sind Daten aus technischen Messungen auch weder fehlerfrei noch vollständig, weil beispielsweise Technologiewechsel wie neue Browser oder auch individuelle Cookie-Verbote und -löschungen eben keine fehlerfreie Datenerfassung zulassen.

All diese Einschränkungen und Überlegungen gilt es bei der Nutzung von Big Data für die Marktforschung zu beachten. Und mögen die Erwartungen auch dennoch häufig überzogen sein, so gibt es sicher auch viele sehr sinnvolle Big Data-Anwendungen in der Marktforschung.

3.1 Big Data-Anwendungen in der Marktforschung

Im Wesentlichen gibt es drei Arten von Big Data-Anwendungen in der Marktforschung.

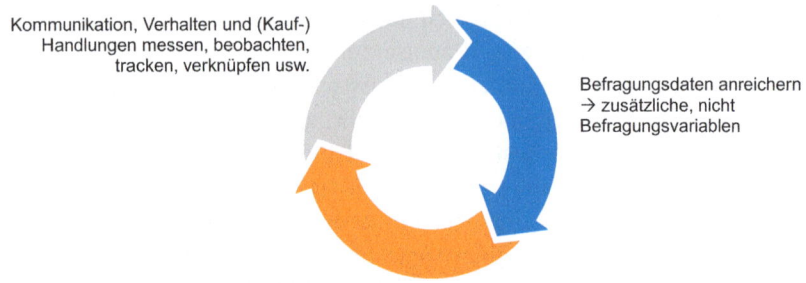

Kommunikation, Verhalten und (Kauf-)
Handlungen messen, beobachten,
tracken, verknüpfen usw.

Befragungsdaten anreichern
→ zusätzliche, nicht
Befragungsvariablen

Analyse von Befragungsdaten nach aufgrund von
Trackingdaten gebildeten Verhaltenssegmenten

Zunächst einmal lässt sich Kommunikation und Verhalten im Internet und auf Webseiten einschließlich durchgeführter Kaufhandlungen und genutzter Webapplikationen messen, beobachten, tracken, auch miteinander verknüpfen etc. So lassen sich eigenständige Marktforschungserkenntnisse gewinnen, die durch Befragungen der Webnutzer nicht eruierbar wären, wenn es etwa um die Nutzung einer Website geht, die besuchten Seiten und die Besuchsreihenfolge und so weiter. Durch Verknüpfung mit nachgelagerten (Kauf-) Handlungen und der Entwicklung von Kennzahlen zum Beispiel zur Kundengewinnungsrate oder den Käufen pro Shop-Besucher erhält man Erkenntnisse zur Optimierung von Websites und Web- sowie nachgelagerten Prozessen. Untersuchungsgegenstand ist die Webpräsenz selbst oder Webanwendungen, Zielgruppe sind die Sitebesucher, und da es sich quasi um eine Vollerhebung handelt, die Daten von (nahezu) allen Websitenutzern erhoben werden, handelt es sich auch nicht um eine Stichprobe, so dass sich die Frage der Repräsentativität gar nicht stellt. Offen ist allenfalls, ob durch Webtracking sämtliche zur Beantwortung der Forschungsfrage notwendigen Variablen erhoben werden können und ob diese auch die nötige Tiefe haben, um etwa Verhalten nicht nur zu beschreiben, sondern auch zu erklären.

Auch das Beobachten von Kommunikation im Internet, also die Auswertung von Social Media-Inhalten, ist eine Big Data-Marktforschungsanwendung, die ohne Zielgruppeninterviews „befragungsähnliche" Erkenntnisse etwa zu Marken oder Produkten generiert. Dazu unter Anwendungsbeispiel 1 mehr.

Zum Zweiten kann es sinnvoll sein, Befragungsdaten um zusätzliche, gemessene Variablen anzureichern, um weitere zielgerichtete Auswertungen zu ermöglichen oder auch Modelle zu vervollständigen. So werden bereits seit längerem Interviews etwa zum Thema Kundenzufriedenheit auf Fallebene um bereits vorhandene Informationen, Kennziffern etc. aus CRM-Datenbanken ergänzt - oder umgekehrt. Ausgangspunkt der Stichprobe ist dabei nämlich häufig ein Kundendatensatz mit einer Vielzahl ausgewählter Variablen, aus dem eine Stichprobe zur Befragung gezogen wird. Die Anreicherung der Befragungsdaten um die CRM-Daten kann dabei auch im Nachgang der Befragung erfolgen, soweit eine eindeutige Identifizierung anhand beispielsweise einer Kundennummer möglich ist. Im Schutzbereich der gesetzlich privilegierten Markt- und Sozialforschung muss eine etwaige Kundennummer oder andere Verknüpfungsmöglichkeit zur Person des Befragungsteilnehmers zum frühestmöglichen Zeitpunkt gelöscht werden, um eine De-Anonymisierung unmöglich zu machen. Werden hingegen Befragungsdaten auf Einzelfallebene in die CRM-Datenbank zurückgespielt, so befindet man sich außerhalb der stets anonym arbeitenden Marktforschung und man kann sich nicht mehr auf die Privilegien der Marktforschung bei der Ansprache von Befragungsteilnehmern stützen.

Eine Anreicherung von Befragungsdaten um gemessene Verhaltens- oder Trackingdaten kann ferner sinnvoll sein, wenn die Website selbst den Untersuchungsgegenstand darstellt und die Sitebesucher als Zielgruppe befragt werden. Dazu unter Anwendungsbeispiel 2 mehr.

Eine dritte Big Data-Anwendung ist die Analyse von Befragungsdaten nach aufgrund von Trackingdaten gebildeten Verhaltenssegmenten. Dazu ist es ebenfalls notwendig, Befragungsdaten mit gemessenen Webverhaltensdaten anzureichern, aus denen dann typische Verhaltensmuster identifiziert und mittels der Interview-Erkenntnisse spezifisch erklärt werden. Dabei ist es auch möglich, offline gebildete oder definierte Zielgruppensegmente mit Gruppen ähnlichen Verhaltens zu korrelieren. Eine Verknüpfung von Webverhalten und Befragung ist natürlich nur möglich, wenn auch die Befragung onsite aus einer Websession heraus erfolgt. Dazu unter Anwendungsbeispiel 3 mehr.

Anwendungsbeispiel 1: Auswertung von Social Media Inhalten

Die Auswertung von Social Media Inhalten erlaubt es, kontinuierlich zu messen, was beispielsweise über die eigene Marke oder das eigene Produkt im Internet „gesprochen" und diskutiert wird. Die Menge der Posts je Zeiteinheit ist dabei ein Indikator für die Aktualität der Marke / des Produkts und automatisierte Sentimentanalysen ermöglichen ein Tracking des Marken-Goodwills. Dies kann als Frühwarnsystem klassische Image-Trackings sinnvoll ergänzen, wird diese jedoch kaum ersetzen können. Denn neben der bereits angesprochenen Problematik der fehlenden Repräsentativität werden Marken in Blogs und Foren nicht anhand derjenigen Kriterien diskutiert, anhand derer diese marketingstrategisch positioniert und geführt werden.

Will man jedoch sehr spezifische Fragestellungen mittels der Auswertung von Social Media Inhalten beantworten, so muss man das Untersuchungsziel sehr genau definieren, um in der „Unendlichkeit" der Social Media Inhalte die relevanten Informationen zu finden. Daran ist dann die Identifikation der interessierenden Quellen, also Blogs, Foren, Social Media Plattformen etc. und die verwendeten Suchterme zum Auslesen der Inhalte auszurichten. Bei dieser Vorgehensweise reduziert sich die Vielzahl an Posts sehr schnell auf wenige relevante. So wurden als Ausgangspunkt einer von Psyma durchgeführten Social Media Analyse über Virtual Reality Hardware im Dezember 2016 über 200.000 Posts analysiert. Beschränkt man die Datenmenge auf definierte Quellen, indem man beispielsweise News- und Videoportale, Miniblogs und Twitter ausschließt, sucht man weiter nach spezifisch interessierenden Marken und Produktnamen, so reduziert sich die Anzahl analysierbarer Beiträge sehr schnell, in diesem Fall auf noch ca. 2.700. Durch eine manuelle Prüfung zum Ausschluss für das Untersuchungsziel irrelevanter Inhalte blieben noch ca. 500 Posts übrig, wovon dann ca. 100 Aussagen Informationen über ein konkretes Produkt lieferten. Das hier dargestellte Mengengerüst zeigt, wie schnell aus Big Data „Small Data", dann aber eben auch „Smart Data" werden. Denn die verbleibende Information stellte sich als durchaus tiefgründig, qualitativ und diagnostisch dar, wenn auch durch Heavy User und „Experten" geäußert - oder eben gerade deswegen. Sie ist sehr gut zur Hypothesengenerierung geeignet, eine Übertragbarkeit auf eine größere Allgemeinheit ist jedoch nicht gegeben, weshalb bei Social Media Analysen eine Ergänzung und Validierung durch Umfragemarktforschung in der Regel sehr sinnvoll ist.

Die wesentlichen Vorteile von Social Media Analysen liegen in den authentischen und unbeeinflussten Konsumentenaussagen, der automatisierten, schnellen und einfachen Erfassung der Daten sowie in der weitgehend automatisierten Ergebnisdarstellung als Dashboard in Echtzeit. Allerdings liegen kaum Informationen über die Autoren, also den Untersuchungsobjekten vor, es sind keine repräsentativ-übertragbaren Erkenntnisse möglich, der Wahrheitsgehalt der Inhalte ist kaum überprüfbar (bis hin zu gefakten Posts und Social Bots), automatische Sentimentanalysen sind häufig noch nicht hinreichend exakt und häufig sowie insbesondere zu Themen mit geringem Konsumenten-Involvement finden sich nicht genügend relevante Beiträge.

Anwendungsbeispiel 2: Website-Monitoring

Website-Evaluierungen durch Besucherbefragungen sind seit langem ein gängiges Marktforschungsinstrument, das seitens der Psyma seit 1999 eingesetzt wird und bei dem mittlerweile im Rahmen eines Benchmarking-Systems über die Websites verschiedener Industrien und Länder jährlich hunderttausend Interviews durchgeführt werden. Dabei geht es etwa um Besuchsmotivation, Website-Usability und Site-Besucherstruktur. Das sind bereits Big Data per se. Die Site-User werden onsite kontaktiert und direkt befragt. Da zu jedem Besucher auch Clickstream-Daten vorliegen, liegt es auf der Hand, Befragungs- und Tracking-Daten miteinander zu verbinden. Dies erlaubt eine genauere Beschreibung von Site-Nutzern und Nutzersegmenten, etwa durch die Kombination aus genutztem Content, Einstiegs- und Ausstiegsseiten mit den geäußerten Besuchsmotiven, so dass etwa Seiteninhalte nutzerspezifisch optimiert können. Ferner lässt sich ermitteln, ob (Un-) Zufriedenheit mit dem Besuch bestimmter Seiten, Bereiche oder Anwendungen korreliert, beispielsweise einem aus Usability-Gesichtspunkten mangelhaften Warenkorb. Und auch Conversion lässt sich besser erklären und auf einzelne Seiten, Pfade oder sonstige Nutzeraktivitäten zurückführen.

Bei der Verknüpfung von Verhaltens- und Befragungsdaten zum Zwecke der Website-Evaluierung ergeben sich zahlreiche Vorteile. Web Analytics liefert Details, die sich nicht erfragen lassen, und die Befragung zeigt Eigenschaften und Motive der Nutzer, die eben nicht messbar sind, so dass Verhalten besser interpretiert werden kann. Allerdings kann die Verhaltensanalyse aufgrund der Vielzahl möglicher Nutzungspfade sehr aufwändig sein, Änderungen der Website erfordern eine erneute Überprüfung der Erkenntnisse und die verhaltensbasierte Zuordnung von Site-Visitors zu Segmenten ist in der Regel unscharf und nicht eindeutig.

Anwendungsbeispiel 3: Website-Content-Personalisierung

Website-Personalisierung aufgrund identifizierter typischer Verhaltensmuster ist ein Ansatz des One-to-One-Marketings im Internet. Dabei werden gewöhnlich Muster aus Web-Analytics-Daten, zum Beispiel Klicksequenzen oder –pfade als Ausgangspunkt für Plausibilitätsüberlegungen genommen und aufgrund gebildeter Hypothesen Seiteninhalte besucherindividuell ausgesteuert. Dies können etwa spezielle Angebote, Produkte oder auch Vouchers (für Testfahrten oder als Rabattbetrag im Falle eines Produktkaufes) sein. Messgröße ist in der Regel eine wie auch immer definierte Conversion Rate, die man durch Versuch und Irrtum oder auch gezieltes A/B-Testing zu verbessern sucht. Als Regeln für die Personalisierung gelten dabei häufig die wiederholte Suche nach detaillierten Produktinformationen, wiederholte Besuche spezifischer Seite oder auch die Anzahl besuchter Seiten als Maß für Interesse. Durch die gezielte Ansprache von Website-Nutzern mit einem typischen Verhaltensmuster lassen sich hingegen Interessen, Kaufabsichten und –motive, Einstellungen und erklärende Informationen erfragen, so dass Verhaltenssegmente erklärt und relevanter Content je Nutzer zielgerichtet definiert werden kann. Verschiedene durchgeführte Projekte haben dabei gezeigt, dass die Conversion dabei deutlich gesteigert werden kann, und zwar nicht nur im Vergleich zu einer Website ohne Content-Personalisierung, sondern auch im Vergleich zu rein auf Web Analytics basierenden Regeln zur Angebotsaussteuerung. Natürlich ist es ebenfalls möglich, definierte Zielgruppensegmente mit Verhaltens-Clustern zu korrelieren und so (Zielgruppenansprache-) Maßnahmen des Offline-Marketings auf der Website abzubilden.

In der Umsetzung werden Website-Besucher individuell angesprochen, aber auch die Aggregation der Erkenntnisse aus Befragung und Tracking-Segmenten, insbesondere die Ergebnisdarstellung in Echtzeit per Dashboard, erlaubt eine Beobachtung und Bewertung der Website-Besucherstruktur im Zeitverlauf und zur Evaluierung einzelner (Web-) Marketingmaßnahmen. Allerdings gilt hier, was auch im Anwendungsbeispiel 2 einschränkend gesagt wurde: aufgrund der Vielzahl an möglichen Nutzerpfaden kann die Analyse aufwändig sein, Website-Änderungen erfordern einen Modellüberprüfung und Verhalten bzw. die daraus gebildeten Segmente sind unscharf und können sich im Zeitverlauf auch individuell ändern.

3.2   Weitere Anwendungen

Die gezeigten Anwendungsbeispiele stammen aus Projekten, die von der Psyma durchgeführt wurden. Sie erheben keinen Anspruch auf Vollständigkeit, und natürlich gibt es viele weitere Studien anderer Marktforschungsinstitute, in denen Big Data für sich oder in Kombination mit Befragungsdaten sinnvoll genutzt werden und zu neuen oder tieferen Erkenntnissen führen. Beispielhaft und nicht abschließend seien noch das von der Arbeitsgemeinschaft Onlineforschung (AGOF) „Digital Audience Measurement", also die Messung von Internetreichweiten, die Verhinderung von Kundenverlusten oder das Cross- und Up-Selling etwa bei Telefongesellschaften, Versicherungsunternehmen oder Energieversorgern aufgrund von CRM-Daten sowie aufgrund von Mobilfunkdaten durchgeführte Standortanalysen etwa für den Handel, den ÖPNV, die Gastronomie oder den Tourismus genannt. Auch der GfK PictureScan ist eine Big Data-Marktforschungsanwendung, bei der marketing-relevante Inhalte aus Social Media Bildern erkannt und für die Analyse von Markenaktualität, Sentiment und Produktverwendungssituationen sowie für die Evaluierung von Marketingaktivitäten genutzt werden.

4   Zusammenfassung

Big Data in der Marktforschung kann durchaus neue Erkenntnisse jenseits der klassischen Umfragemarktforschung liefern. Es ist aber aus vielerlei Gründen kaum möglich, Umfrageforschung zu ersetzen. Echter Mehrwert kann meist nur oder insbesondere durch die Fusion von Big und Survey Data erzielt werden. Dabei ist die Vielzahl unterschiedlicher Daten grundsätzlich hilfreich und die Ergebnisse sind häufig operativ und gut umsetzbar.

Allerdings liefern gemessene Beobachtungsdaten keine oder kaum Erklärungen von Verhalten. Sie können eher der Hypothesengenerierung dienen. Da Big Data nicht zielgerichtet für den interessierenden Untersuchungszweck oder -gegenstand erhoben wurden, können sie spezifische Forschungsfragen in der Regel nur unvollständig und oberflächlich beantworten. Hinzu kommt - und das ist aus Sicht der Marktforschung vielleicht die größte Einschränkung: Big Data sind (fast) nie repräsentativ für eine zu untersuchende Zielgruppe.

International Program in Survey and Data Science

Frauke Kreuter, Florian Keusch, Evgenia Samoilova & Karin Frößinger
Universität Mannheim

1 Kurzporträt

Das International Program in Survey and Data Science (IPSDS) zielt darauf ab, den steigenden Bedarf an Fachkräften im Bereich Datenerhebung und Datenanalyse durch einen berufsbegleitenden Studiengang zu decken. Anders als viele Weiterbildungsangebote greift das Programm stark auf moderne Formen des asynchronen und synchronen Lernens zurück, um in Beschäftigung befindlichen Personen und Personen mit Familienverpflichtungen entgegen zu kommen. Der Studiengang wurde mit finanzieller Hilfe des Bundesministeriums für Bildung und Forschung im Rahmen der Ausschreibung „Aufstieg durch Bildung: offene Hochschulen" unterstützt. Ausgangspunkt für das Programm ist das seit 1993 an der University of Maryland bestehende zweijährige Joint Program in Survey Methodology (JPSM), das dort gemeinsam mit der University of Michigan und dem Datenerhebungsinstitut Westat angeboten wird. Ausgehend von den dort gesammelten Erfahrungen und Lehrinhalten wurde IPSDS konzipiert und in Deutschland an der Universität Mannheim verankert. Als Teil des BMBF-geförderten Forschungsprojektes wurde die Wirksamkeit und Effektivität technischer und didaktischer Konzepte zur Durchführung von Online-Studiengängen untersucht. Die erste Testkohorte von IPSDS startete im Februar 2016.

2   Motivation für einen neuen Studiengang

Daten über Verhalten und Einstellungen von Personen bilden eine essentielle Entscheidungsgrundlage für die Privatwirtschaft, den öffentlichen Dienst und gemeinnützige Organisationen. Gezielt erhobene Daten sowie Daten aus administrativen oder operativen Prozessen wachsen nach wie vor stark an; bis zum Jahr 2025 wird sich das weltweite Datenvolumen verzehnfachen (Reinsel et al. 2017, S. 3). Der privatwirtschaftliche Sektor verspricht sich von „Big Data" Effizienzsteigerung, Erkenntnisse für die Entwicklung neuer Geschäftsmodelle oder bspw. größeres Wissen über die Kundschaft von Unternehmen (Capgemini 2017, S. 18). Statistische Ämter suchen derzeit ebenfalls nach Möglichkeiten, neue digitale Daten in die amtliche Statistik zu integrieren. Mit Hilfe dieser Daten können neue Sachverhalte dargestellt werden, bei deutlicher Entlastung der Auskunftspflichtigen (Oppeln-Bronikowski 2017).

Regierungsorganisationen und Vertreter der Privatwirtschaft berichten allerdings gleichermaßen, dass sie Schwierigkeiten haben, Personal zu finden, das sowohl gezielt über die Passung von Daten zu Fragestellungen nachdenken und gleichzeitig mit neuen digitalen Daten umgehen kann. Bisher war es bereits für viele Organisationen problematisch, Beschäftigte zu rekrutieren, die über ausreichend Fähigkeiten verfügen, Daten zu erheben und auszuwerten. Jetzt kommt die Schwierigkeit hinzu, Personal zu finden, das darüber hinaus auch noch Kenntnisse in der Sammlung und Verarbeitung *großer semi- oder gar unstrukturierter* Daten besitzt. Diese Inhalte werden in traditionellen Disziplinen, z.B. in der akademischen Ausbildung in den Sozial- oder Wirtschaftswissenschaften, nicht vermittelt. Laut der Wirtschaftsprüfungsgesellschaft KPMG besitzen in Deutschland die Mitarbeitenden in drei von vier Unternehmen und Organisationen der öffentlichen Verwaltung nicht „die notwendigen Fähigkeiten und Kenntnisse" (KPMG 2017, S. 8), um die anstehenden Aufgaben zu bewältigen.

Die hohe Nachfrage nach ausgebildeten Datenwissenschaftlern – gleich welcher Ausrichtung – führt dazu, dass viele Klein- und Mittelbetriebe, aber auch die Träger gemeinnütziger Einrichtungen oder des öffentlichen Dienstes in der Konkurrenz um diese Mitarbeiter nicht bestehen können. Gleichzeitig fehlt jungen Absolventinnen und Absolventen oft das notwendige inhaltliche Wissen über die Arbeitsgebiete, um sich ihrerseits als hinreichend kompetent zu erweisen. Ein Weiterbildungsprogramm, das bereits vorhandenes Personal entsprechend fortbildet, ist deshalb umso wichtiger.

Bevor das Format des Studiengangs selbst vorgestellt wird, erfolgt im nächsten Abschnitt zunächst eine kurze Darstellung der Studieninhalte. In diesem Zusammenhang wird auch die Motivation, Survey- und Data Science zu kombinieren erläutert.

3   Studieninhalte

Viele der weltweit an Bedeutung gewinnenden Data Science-Studiengänge sind in der Informatik oder an der Schnittstelle von Informatik und Statistik angesiedelt und vermitteln mit unterschiedlichen Gewichten Kenntnisse aus diesen Fächern. Der hier vorgestellte Studiengang erweitert diese beiden Komponenten um einen Fokus auf Datenerhebung und Datenqualität unter Berücksichtigung verschiedenster Datenquellen und deren Kombination.

In den letzten Jahren wurde deutlich, dass die neuen digitalen Datenquellen Surveys nicht ablösen sondern ergänzen (Zwick 2017). Für die amtliche Statistik bilden neue digitale Daten häufig nicht alle Aspekte ab, die von Interesse sind. Vielmehr ist eine Kombination von Daten oft der vielversprechendste Weg. Gleichzeitig lassen sich rasant steigende Nutzerzahlen von „Do-it-Yourself"-Tools von Surveys beobachten, die daraufhin deuten, dass auch in der Privatwirtschaft traditionellere Datenerhebungsformen alles andere als ausrangiert sind. Beispielsweise bei SurveyMonkey werden pro Monat weltweit 90 Millionen Online-Fragebogen ausgefüllt und Qualtrics versendet etwa eine Milliarde Befragungseinladungen jährlich (Callegaro und Yang, im Druck). Andere Firmen entwickeln ihre eigenen Lösungen; so befragte zum Beispiel Facebook im letzten Jahr 200 Millionen Personen (Nutzer und Nicht-Nutzer) (persönliches Gespräch, 26.05.2017). Dass eine Firma wie Facebook Befragungen durchführt, mag überraschen, teilen doch die Nutzer/innen ungefragt bereits jede Menge über sich mit. Aber es sind eben nur die eigenen Nutzer/innen und von diesen gibt es nur sehr selektiv Daten. Dieses Beispiel zeigt, wie wichtig die Nutzung verschiedener Datenquellen ist, um ein vollständiges Bild zu erhalten. Es zeigt auch, von welch zentraler Bedeutung es ist, den Daten-generierenden Prozess zu verstehen, insbesondere dann, wenn es sich um Daten von und über Menschen handelt. Oftmals fehlen Subgruppen oder Messungen sind unvollständig. Der in diesem Jahr erschienene Bericht des Committee of National Statistics der U.S. National Academy of Science unterstreicht deshalb die Notwendigkeit der Nutzung von multiplen Datenquellen und die Notwendigkeit den Entstehungsprozess aller Daten zu verstehen (Groves und Harris-Kojetin 2017).

Unabhängig davon, ob die Datensammlung sorgfältig geplant und mit Hilfe von Befragungen oder Experimenten durchgeführt wurde, oder ob die Daten organisch entstehen, zum Beispiel als Nebenprodukt eines anderen Prozesses, wie der Nutzung von Kreditkarten, der Beanspruchung von amtlichen Leistungen oder der Teilnahme in Internet-Foren, sind keine dieser Daten perfekt. Zum einen passen nicht alle Daten zu jeder Fragestellung, aber auch im Datenerhebungsprozess schleichen sich oft Fehler ein, die mitunter nicht vermeidbar und an manchen Stellen nur abschätzbar sind. In der Survey-Forschung hat sich der Total Survey Error Framework etabliert (Groves et al. 2009), mit dessen Hilfe Fehler in der Erhebung identifiziert werden. Für neue digitale Daten gibt es noch kein vollständig ausgearbeitetes analoges Konzept, wenngleich erste Ansätze in neueren Publikationen vorgeschlagen werde (Japec et al. 2015, Biemer 2016).

Im Task Force-Bericht der American Association for Public Opinion Research (AAPOR) wurden fünf Bereiche identifiziert, an welche sich die übergeordneten Studieninhalte des neuen Studienprogramms anlehnen (siehe Abbildung 1). Zunächst ist es – in den meisten Situationen – essentiell, einschätzen zu können, wie Forschungsfragen formuliert werden müssen und mit Hilfe welcher Daten überhaupt Antworten zu den entsprechenden Fragen gefunden werden können. Fachwissen aus den jeweiligen Disziplinen und Arbeitskontexten ist hier unerlässlich. Wissen über die Daten-generierenden Prozesse konstituieren, wie gerade schon besprochen, die zweite Ebene. Ganz entscheidend, und oft im Fokus vieler anderer Data Science-Programme, ist der Umgang mit den Daten selbst, etwa in Form von Datenaufbereitung, Datenorganisation und Strukturierung von Daten in Datenbanken. Ebenso wichtig sind die verschiedenen Datenanalysetechniken. Datenvisualisierung ist ebenfalls von Bedeutung für die Analyse von Daten, spielt aber auch in der Weitergabe der Ergebnisse eine große Rolle. Nicht vergessen darf man die Diskussion um Datenschutz, den ethischen Umgang mit Daten und alle Aspekte der Datenweitergabe.

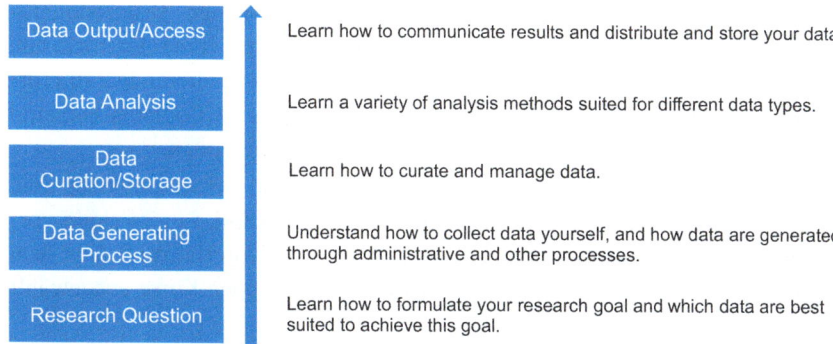

Abbildung 1 Fünf Module, notwendig für die erfolgreiche Nutzung von neuen (und alten) digitalen Daten. Adaptiert von Japec et al. (2015)

4 Details des International Program for Survey and Data Science (IPSDS)

Zielgruppe für dieses Masterprogramm sind weltweit Personen, die beruflich mit Datenerhebung und Datenanalyse in den unterschiedlichsten Bereichen, wie z.b. angewandter demografischer und ökonomischer Forschung befasst sind (oder einen Wiedereinstieg in diesen Bereich suchen). Ein typisches Beispiel sind Mitarbeitende in Statistischen Ämtern, internationalen Datenerhebungsorganisationen (z.b. Gallup, TNS) und Marktforschungsabteilungen großer Firmen. Sie alle nutzen Umfragedaten oder sind mit der Erhebung von Befragungen betraut, haben aber in vielen Fällen keine ausreichende Ausbildung in diesem Bereich, zumal sich die Welt der Datenerhebung in den letzten Jahren rasant verändert und erweitert hat.

Im Gegensatz zu vielen anderen Weiterbildungsangeboten bietet IPSDS einen von Ort und Zeit unabhängigen Zugang zu den Lernmaterialien und ermöglicht dadurch Lernen für Berufstätige und Personen mit Familienverpflichtungen. Fünf Elemente zeichnen das Programm aus:

- Kursmaterialien können von Studierenden asynchron, zu jeder Zeit und von jedem Standort aus per Video genutzt werden. Damit lassen sich Anforderungen des eigenen Arbeitgebers (oder der eigenen Familie) und des Studiums besser miteinander koordinieren.

- Zusätzlich zu den asynchronen Vorlesungen erlauben Diskussionsforen und kleine, virtuelle Klassenräume (etwa 15 Studierende) gemeinsam bestimmte Inhalte mit Dozenten/innen und anderen Studierenden zu erarbeiten. Anders als auf Online-Plattformen wie Udacity, Coursera etc. sind hier die Professoren direkt in Kontakt mit den Studierenden.

- Das Programm ist modular und erlaubt damit eine Schwerpunktsetzung, die das im Beruf bereits Erlernte optimal ergänzen kann. Es gibt einen vorgeschriebenen Basiskurs, danach können je nach Vorerfahrung (aus dem Beruf oder vorherigem Studium) aus vier Modulgruppen Kurse ausgewählt werden.

- Das Lehrangebot wird in englischer Sprache präsentiert. Durch steigende Mobilität und erweiterte Märkte findet Sozial- und Marktforschung zunehmend im internationalen Kontext statt. Damit erschließt sich den Absolventinnen und Absolventen des Programms ein größerer Arbeitsmarkt.

- Das Programm ist international ausgerichtet und erlaubt den Studierenden den Zugang zu einem weiten Netzwerk von Peers und die Bildung von akademischen und privatwirtschaftlichen Kontakten weltweit. Eine ganz besondere Rolle spielt hierbei das Kick-Off Event „Connect@IPSDS", das einmal im Jahr in Mannheim stattfindet. Diese Veranstaltung mit Kursen und Vorträgen bietet die Möglichkeit zum persönlichen Kennenlernen bevor die weiteren Veranstaltungen online stattfinden.

4.1 Online-Format

In den vergangenen Jahren haben sich die technischen Möglichkeiten für online-basierte Aus- und Weiterbildung enorm verbessert. In aller Munde sind dabei vor allem die so genannten Massive Open Online Courses (MOOCs), bei denen Studierende aus aller Welt ohne Studiengebühren an Vorlesungen aller Fachrichtungen teilnehmen können. Zu den am weitest verbreiteten Plattformen gehören die Khan Academy, Coursera und Udacity. In den USA hat die Zahl der Online-Ausbildungen rapide zugenommen - aber nicht ohne Kontroversen. Die Hauptursachen für die sehr geringen Abschlussquoten von MOOCs hängen mit schlechtem Zeitmanagement von Studierenden und dem Schwierigkeitsgrad der Kurse zusammen (Kizilcec und Halawa 2015; Nawrot und Doucet 2014). Im Gegensatz zu MOOCs unterstreicht das „Flipped Classroom Model" (auch bekannt als „inverted instruction" oder „inverted classroom") die Wichtigkeit der Unterstützung und

Leitung eines Ausbilders. In „Flipped Classrooms" wird das Vorlesungsmaterial aufgezeichnet oder auf anderem Wege jederzeit online abrufbar zur Verfügung gestellt und die Zeit der Lehrenden dazu genutzt, mit den Studierenden zu interagieren. Screen-capture-software, desktop-sharing und virtuelle meeting rooms bilden ein technisches Fundament mit dem diese neuen Unterrichtsformen effektiv einsetzbar sind. Während in traditionellen Vorlesungen Lehrende nur mit denjenigen Studierenden interagieren, die Fragen stellen, sehen Lehrende bei „Flipped Classrooms" den Fortschritt und das Verständnis aller Studierenden in jedem Lernabschnitt.

IPSDS realisiert wie folgt die beiden Hauptkomponenten des Flipped Classroom Designs. Das Kursmaterial wird den Studierenden auf der Kurs-Webseite zur Verfügung gestellt und enthält (abhängig vom Kursinhalt) im Vorfeld aufgenommene Videokurse, erforderliche und vorgeschlagene Literatur, Beispiele für Programmierübungen, Datensätze und andere ergänzende Materialien. Das Einbeziehen der zuvor aufgenommenen Video-Vorlesungen auf den Lernplattformen ermöglicht Pausieren der Videos, Vor- und Zurückspulen und Springen zu bestimmten Stellen im Video zum wiederholten Anschauen, sowie eine Veränderung der Abspielgeschwindigkeit des Videos. Die Vorlesungen sind darüber hinaus in mehrere kürzere Videos aufgeteilt, um sowohl die Aufmerksamkeitsspanne, als auch die relativ knappen Zeitfenster Berufstätiger zu berücksichtigen.

Die persönliche Interaktion findet über ein Online-Videokonferenzsystem und Diskussionsforen statt. Jede Woche nehmen die Studierenden an einer 50-minütigen Online-Sitzung teil, die von den Lehrenden durchgeführt wird (siehe Abbildung 2). Diese Online-Sessions erfüllen verschiedene Funktionen:

1. Diskussion von Fragen der Studierenden,

2. Besprechung von Schwierigkeiten bei Aufgaben und Projektarbeiten und

3. Motivation der Studierenden weiterhin aktiv am Kurs teilzunehmen.

Abbildung 2   Screenshot von Live-Sitzungen, auf der rechten Seite unterstützt mit einer White-Board Funktion

Kleine Gruppengrößen und zugängliche Software (aktuell wird die Software Zoom verwendet) ermöglichen es, jede Person im Meeting gleichzeitig zu sehen (Zoom kann bis zu 25 Teilnehmer/-innen gleichzeitig auf der selben Seite zeigen). Zusätzlich erlaubt die Konferenzsoftware das Bilden von kleinen Arbeitsgruppen. Asynchrone Diskussionsforen werden für zusätzliche Fragen, Kommentare und Materialen (z.B. Links zu relevanten Artikeln, Beispiele usw.) verwendet.

4.2   Modularer Aufbau und Arbeitsaufwand

Das geplante Masterprogramm ist im Umfang eines 15-monatigen Vollzeitstudiums konzipiert, d.h. es umfasst insgesamt 75 Leistungspunkte gemäß ECTS. In der Praxis und mit Berufstätigen als Zielgruppe verlängert sich die Studienzeit entsprechend. Basierend auf den Daten der Testkohorte aus 2016 und 2017 lag die wöchentliche Belastung bei 8 Stunden (Median; Mittelwert 9,5 Stunden).

Da das Programm online absolviert wird, sind die Studierenden nicht an normale akademische Kalenderzeiten gebunden und können das ganze Jahr über Kurse besuchen. Um sicherzustellen, dass das einjährige Programm potenziell die Voraussetzungen für eine erfolgreiche Akkreditierung erfüllt und ein gewisser gemeinsamer Wissensstand bei den Teilnehmenden vorhanden ist, werden bestimmte Eingangsvoraussetzungen aufgestellt (z.B. Nachweis eines erfolgreich besuchten Statistikkurses, der ebenfalls online angeboten wird und von Bewerber/inne/n vorab belegt werden kann), sowie ein Minimum an einjähriger Berufserfahrung in einem einschlägigen Bereich verlangt.

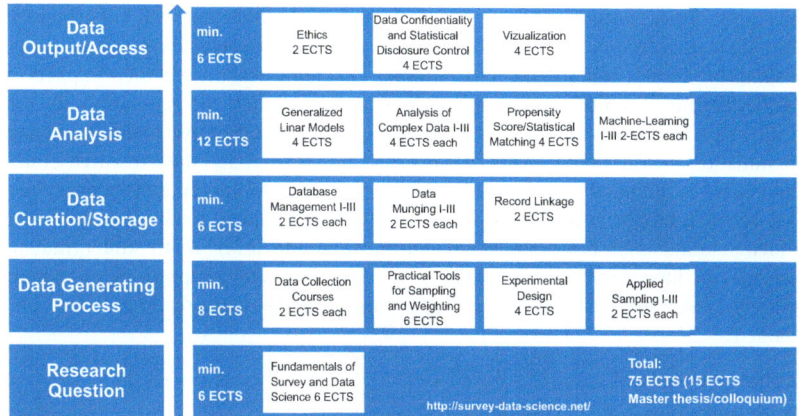

Data Output/Access	min. 6 ECTS	Ethics 2 ECTS	Data Confidentiality and Statistical Disclosure Control 4 ECTS	Vizualization 4 ECTS	
Data Analysis	min. 12 ECTS	Generalized Linar Models 4 ECTS	Analysis of Complex Data I-III 4 ECTS each	Propensity Score/Statistical Matching 4 ECTS	Machine-Learning I-III 2-ECTS each
Data Curation/Storage	min. 6 ECTS	Database Management I-III 2 ECTS each	Data Munging I-III 2 ECTS each	Record Linkage 2 ECTS	
Data Generating Process	min. 8 ECTS	Data Collection Courses 2 ECTS each	Practical Tools for Sampling and Weighting 6 ECTS	Experimental Design 4 ECTS	Applied Sampling I-III 2 ECTS each
Research Question	min. 6 ECTS	Fundamentals of Survey and Data Science 6 ECTS	http://survey-data-science.net/	Total: 75 ECTS (15 ECTS Master thesis/colloquium)	

Abbildung 3   Kursmodule und Minimum Credits. Beispielkurse je Modul.

Die Aufteilung der ECTS-Punkte auf die Masterarbeit und die inhaltlichen Module ist in Abbildung 3 dargestellt. Das Programm beginnt mit einer Einführungsveranstaltung vor Ort mit verbindlicher Anwesenheit von Lehrenden und Studierenden. Kern dieser Veranstaltung ist ein persönliches Kennenlernen, das die spätere Interaktion online erleichtert sowie Förderung der internationalen Netzwerkbildung. Abbildung 4 zeigt die Beschreibung des ersten verpflichtenden Online-Kurses im Programm.

Fundamentals in Survey and Data Science

Credits/ECTS: 3/6

The fields of survey methodology and data science draws on theories and practices developed in several academic disciplines – mathematics, statistics, psychology, sociology, computer science, and economics. To become an accomplished professional in these fields requires a mastery of research literatures as well as experience designing, conducting, and analyzing surveys and data from other sources, such as administrative records, social media, or transactions. This course introduces the student to a set of principles of survey design and data science that are the basis of standard practices in these fields. The course exposes the student to research literatures that use both observational and experimental methods to test key hypotheses about the nature of human behavior and other factors that affect the quality of data. It will also present important statistical concepts and techniques in sample design, execution, and estimation, as well as models of behavior describing errors in responding to survey questions. Thus, both social science and statistical concepts will be presented. The course uses the concept of total error as a framework to discuss coverage properties of sampling frames and organic data, alternative sample designs and their impacts on standard errors of statistics, different modes of data collection and generation, the role of interviewers and respondents in surveys, impacts of nonresponse and missing data on statistics, measurement errors in data, data processing, and data/research ethics. The course is intended as an introduction to the fields of survey methodology and data science, taught at a graduate level. Lectures and course readings assume that students understand basic statistical concepts (at the level of an undergraduate course) and have exposure to elements of social science perspectives on human behavior. For those lacking such a background, supplementary readings are recommended.

Course objectives:

By the end of the course, students will

- be able to apply the key terminology used by survey methodologists and data scientists.

- be able to assess the quality of data from different sources based on a data quality framework.

- be able to select an appropriate data source to answer different types of research questions.

- understand the influence of coverage, sampling, and nonresponse on data quality and know how to deal with deficiencies of the data.

- have a clear understanding of the steps involved in data preparation, data processing, data analysis, and data visualization.

- be able to comply with ethical standards in survey research and data science.

Grading:

Grading will be based on participation in discussion during the online meetings, submission of questions via e-mail, demonstrating understanding of the readings and lectures (10%), weekly online exercises (60%) and a final online exam (30%).

Prerequisites:

Students are expected to be familiar with basic statistical concepts, such as mean, standard deviation, variance, and distributions (at the level of an undergraduate course), and have exposure to elements of social science perspectives on human behavior.

Abbildung 4   Beispiel Kursbeschreibung

4.3   Bisherige Ergebnisse

Der Studiengang wurde mit finanzieller Hilfe des Bundesministeriums für Bildung und Forschung im Rahmen der Ausschreibung „Aufstieg durch Bildung: offene Hochschulen" unterstützt. In der ersten Förderphase wurden dabei bereits mehrere Ziele erfolgreich umgesetzt.

Entwurf Studienplan/Inhalte: Zusammen mit dem Kooperationspartner an der University of Maryland wurde ein Curriculum konzipiert, das sowohl auf den Inhalten bereits bestehender Kurse aus dem On-site-Programm in Maryland aufbaut als auch völlig neu entwickelte Kurse beinhaltet. Die bisherige Fokussierung auf den Bereich der Umfrageforschung (Survey Methodology) wurde erfolgreich übernommen und wird laufend um Inhalte im Bereich Data Science erweitert. Das im Juni 2016 geschlossene „Agreement of Cooperation" zwischen den Universitäten Mannheim und Maryland hat den gemeinsamen Aufbau des Programms und einen gemeinsamen Abschluss zum Ziel. Gleichzeitig wurden während der gesamten bisherigen Projektdauer immer wieder Gespräche mit möglichen Arbeitgebern, Studiengangsteilnehmenden[1] und Ausbildungspartnern geführt. Das Interesse ist überwältigend. Insbesondere die internationale Ausrichtung ist für viele in diesem Arbeitsmarktsegment von entscheidender Attraktivität.

Informationstechnologie: Die für den Betrieb eines modularen, synchron-asynchron konzipierten, internationalen Online-Weiterbildungsprogramms notwendige technische Infrastruktur wurde getestet und in Betrieb genommen. Dies umfasst die grundlegende Ausstattung für Videoaufnahmen (Kamera, Mikrofon, Schalldämmung etc.) genauso wie Softwarelizenzen für Videobearbeitung und Desktop-Videokonferenzen mit den Teilnehmenden oder bspw. für den Internetauftritt des Programms.

Zulassungsvoraussetzungen und Gremien: In der Testphase wurden Auswahlkriterien festgelegt, die im Rahmen der Rekrutierung der ersten beiden Kohorten angewandt und um einen Eingangstest erweitert wurden. Die erste Projektphase hat zudem gezeigt, an welcher Stelle Vorbereitungskurse notwendig sind, die in einer zweiten Phase des Projekts entwickelt werden. In Zusammenarbeit mit den relevanten Stellen der sozialwissenschaftlichen Fakultät der Universität Mannheim wurde eine Prüfungsordnung erarbei-

---

1   Wir verwenden die Begriffe Teilnehmer/innen und Proband/inn/en synonym, solange sich alle in der Testphase des Projekts befinden.

tet, mit der sich die universitären Gremien noch 2017 befassen werden. Parallel dazu wurde eine IPSDS „Faculty" aufgebaut, zu der inzwischen über 20 Personen aus Forschung, Unternehmen und öffentlichem Sektor zählen, welche teilweise auch bei den ersten beiden Orientierungsveranstaltungen anwesend waren. Ein „Faculty Board" und ein „Advisory Board" haben 2017 ihre Tätigkeit aufgenommen und beraten das Projektteam in der Weiterentwicklung des Programms.

Studienstart, Präsenzveranstaltungen, Netzwerkbildung: Die im Februar 2016 und Januar 2017 in Mannheim durchgeführte Orientierungsveranstaltung „Connect@IPSDS" (https://survey-data-science.net/program/connectipsds/connectipsds-2017) markiert den Studienstart der ersten beiden Test-Kohorten. Die jeweils mehrtätige Veranstaltung bestand aus Präsenzkursen, Vorträgen und der Möglichkeit zur Netzwerkbildung. Vertreter/innen von Unternehmen und Ämtern informierten die Teilnehmenden über die Anforderungen in ihrem jeweiligen Arbeitsgebiet. Die erste Kohorte besteht aus 16 Teilnehmenden (zehn Frauen, sechs Männer) aus neun Ländern (Deutschland, Chile, Griechenland, Kenia, Litauen, Luxemburg, Spanien, Serbien und Ungarn). Die zweite Kohorte besteht aus 15 Teilnehmenden (acht Frauen, sieben Männer) aus ebenfalls neun Ländern (Deutschland, Brasilien, Italien, Katar, Luxemburg, Mexiko, Österreich, Oman und Ungarn). Insgesamt studieren derzeit 31 Studierende aus 15 Ländern im IPSDS (siehe Abbildung 5).

Durchführung von Kursen: Insgesamt wurden bisher 18 unterschiedliche Kurse z.T. gemeinsam mit der University of Maryland angeboten. Alle Proband/inn/en haben den Pflichtkurs „Fundamentals of Survey and Data Science" besucht und danach Kurse ihrer Wahl aus den jeweiligen Modul-Blöcken belegt. Die wissenschaftlichen Untersuchungen zur Evaluation fanden über alle diese Kurse hinweg statt.

Untersuchung der Lehrinhalte, Belastung, Studierbarkeit: In der Testphase wurden drei Studien in Bezug auf Video-Lehrinhalte, Grad der Echtzeitinteraktion sowie zeitliche Flexibilität des Kurstempos durchgeführt. Die Ergebnisse wurden auf der Website des Programms veröffentlicht (https://survey-data-science.net/project/research-publications), auf verschiedenen wissenschaftlichen Tagungen präsentiert und teilweise auch in internationalen Fachzeitschriften publiziert (Samoilova, Keusch, Wolbring 2017). Die Forschungsergebnisse zeigen, dass bei Engagement-Interventionen vor allem auf unterschiedliche Subgruppen der Lernenden sowie Student-Workload-Management geachtet werden muss. Darüber hinaus zeigt sich, dass regelmäßiges synchrones Lernen in einem virtuellen Klassenraum dazu beiträgt, Gemeinschafts- und Zugehörigkeitsgefühl zu erzeugen sowie Studierenden beim Zeitmanagement zu unterstützen.

Abbildung 5   Reichweite der Teilnehmer und Teilnehmerinnen in den ersten beiden Testkohorten

Zusätzlich zu qualitativen Interviews, administrativen Daten (z.B. Anzahl von Kursabbrüchen) und web-basierten Umfragen der Probanden im Hinblick auf ihre Erfahrungen mit dem gesamten Programm, wird auch jeder Kurs einzeln mittels einer web-basierten Umfrage evaluiert. Die Ergebnisse werden mit den Lehrenden und dem Projektteam regelmäßig besprochen, um Probleme besser zu verstehen. Während der Evaluation wurden die folgenden zentralen Herausforderungen für die weitere Entwicklung festgestellt: Notwendigkeit einer stärkeren didaktischen Unterstützung der Lehrenden (besonderes für synchrone Komponenten); Bedarf an noch stärkerer Fokussierung auf Anwendungsmöglichkeiten für erworbene Kompetenzen in konkreten (realen) Projekten; Verstärkung der Vernetzung der Studierenden und Ermöglichung größerer zeitlichen Flexibilität für die Studierenden.

Das Projekt hat sich auf die Fahnen geschrieben, die in den quantitativen Sozial- und Wirtschaftswissenschaften schwächer vertretenen Frauen und Männer mit Familienpflichten besonders zu fördern. In den ersten beiden

Testkohorten liegt der Frauenanteil bei knapp 60 Prozent (18 von 31). Die Evaluation hat auch gezeigt, dass IPSDS seinen Teilnehmenden so viel Flexibilität bietet, dass sich Weiterbildung, Familienpflichten und berufliche Anforderungen in Einklang bringen lassen. Die Anzahl der Proband/inn/en mit Familienpflichten in beiden Kohorten ist vergleichsweise hoch: eine Person, die ihre Eltern betreut und sieben Teilnehmende mit Kindern (darunter 3 Geburten während der ersten Förderphase). Außerdem gibt es keine Studienabbrüche aufgrund von familiären Verpflichtungen.

5   Herausforderung und Ausblick

Das Projekt befindet sich gerade in der Phase der zweiten Antragstellung. Geplant ist eine Ausweitung der internationalen Kooperationen und der Industriekontakte. Eine Herausforderung ist sicherlich das niedrige Budget der öffentlichen Einrichtungen für berufliche Weiterbildung, die auch an den Universitäten kostentragend angeboten werden muss. Die zweite Phase wird weitere Forschung zum Workload leisten und Kurse mit hohen Praxisanteilen entwickeln.

Literatur

Biemer, P. (2016). Errors and Inference. In I. Foster, R. Ghani, R. S. Jarmin, F. Kreuter & J. Lane (Hrsg.), *Big Data and Social Science: A Practical Guide to Methods and Tools*. Chapman and Hall/CRC.

Callegaro, M. & Yang, Y. (im Druck). The role of Surveys in the Area of „Big Data". In D. L. Vannette & J. A. Krosnick (Hrsg.), *The Palgrave Handbook of Survey Research*. New York: Palgrave.

Capgemini. (2017). Studie IT-Trends 2017. Überfordert Digitalisierung etablierte Unternehmensstrukturen? https://www.de.capgemini.com/resource-file-access/resource/pdf/it-trends-studie-2017_1.pdf. Zugegriffen: 28. Juli 2017.

Groves, R. et al. (2009). *Survey Methodology*. Wiley.

Groves, R. & Harris-Kojetin, B. (2017). *Innovation in Federal Statistics: Combining Data Scoures while Maintaining Privacy*. National Academie of Science.

European Commission. (2007). *Key competences for lifelong learning-European reference framework.*

Japec, L., Kreuter, F., Berg, M., Biemer, P., Decker, P., Lampe, C., Lane, J., O'Neil, C. & Usher, A. (2015). Big Data in Survey Research. AAPOR Task Force Report. *Public Opinion Quarterly 79(4)*, Winter 2015, 839–880.

Kizilcec, R. F., & Halawa, S. (2015). Attrition and Achievement Gaps in Online Learning. In Proceedings of the Second ACM Conference on Learning @ Scale.

Kizilcec, R. F., Perez-Sanagustín M. M. & Maldonado, J. J. (2017). Self-regulated learning strategies predict learner behavior and goal attainment in Massive Open Online Courses. *Computers & Education 104*, 18-33.

KPMG in Kooperation mit bitkom research (2017). Mit Daten Werte schaffen. Report 2017, www.kpmg.de/mdws.

Nawrot, I., & Doucet, A. (2014). Building engagement for MOOC students: introducing support for time management on online learning platforms. In *Proceedings of the companion publication of the 23rd international conference on World wide web companion* (S. 1077-1082).

von Oppeln-Bronikowski, S. (2017). Begrüßung durch die Direktorin beim Statistischen Bundesamt. In C. König, J. Schröder, E. Wiegand (Hrsg.), *Big Data – Chancen, Risiken, Entwicklungstendenzen* (S. 9-12). Springer VS, Wiesbaden.

Reinsel, D, Gantz, J. & Rydning, J. (2017). Data Age 2025: The Evolution of Data to Life-Critical. Don't Focus on Big Data; Focus on the Data That's Big. IDC White Paper http://www.seagate.com/www-content/our-story/trends/files/Seagate-WP-DataAge2025-March-2017.pdf. Zugegriffen: 28. Juli 2017.

Samoilova, E., Keusch, F. & Wolbring, T. (2017). Learning Analytics and Survey Data Integration in Workload Research. Zeitschrift für Hochschulentwicklung. *Special Edition: Learning Analytics: Implications for Higher Education 12(1)*, 65-78.

Zwick, M. & Wiengarten, L. (2017). Neue digitale Daten in der amtlichen Statistik. In C. König, J. Schröder, E. Wiegand (Hrsg.), *Big Data – Chancen, Risiken, Entwicklungstendenzen* (S. 43-60). Springer VS, Wiesbaden.

Neue digitale Daten in der amtlichen Statistik

Lara Wiengarten & Markus Zwick
Statistisches Bundesamt, Wiesbaden

1   Einleitung[1]

Mit der digitalen Revolution hat sich unsere Lebenswirklichkeit nachhaltig verändert. Wie die industrielle stellt auch die digitale Revolution die bestehende wirtschaftliche und soziale Ordnung in Frage und ist dabei, die gesellschaftlichen Verhältnisse in fundamentaler Weise zu verändern. Eine interessante Randnotiz ist dabei, dass mit der industriellen Revolution u.a. die individuelle Anonymität in der Gesellschaft entstanden ist. Die Landflucht in die industriellen Zentren führte dazu, dass aus dem Leben im Dorf, wo jeder jeden kannte, das verstärkt anonyme Leben in Großstädten wurde. Die digitale Revolution führt nun dazu, dass wir wieder deutlich transparenter werden im globalen Dorf.

Da wir uns derzeit mitten in der digitalen Revolution befinden, ist es ausgesprochen schwierig einzuschätzen, wie sich die Umstände verändern werden. Nur dass sie sich schon nachhaltig verändert haben und weiterhin werden ist sicher. Die rasante Entwicklung der Informationstechnologie hat insbesondere unsere Art der Kommunikation verändert. Angefangen bei der Mensch-zu-Mensch-Kommunikation. Mobilfunkgeräte, E-Mails, Messaging-Dienste und soziale Netzwerke sind Ausdruck dieser Veränderung. Deutlich an Bedeutung hat darüber hinaus die Kommunikation von Mensch zu Maschine gewonnen, die an vielen Stellen, insbesondere im geschäftlichen Alltag, die Mensch-zu-Mensch-Kommunikation ersetzt hat. Der Bankschalter wurde durch den Geldautomaten, das Reisebüro durch digitale Reiseportale und das Kaufhaus durch den Internethandel substituiert.

---

1   Der Aufsatz ist ein Wiederabdruck aus Wirtschaft und Statistik 5/2017.

Die Maschine-zu-Maschine-Kommunikation (M2M), häufig auch mit dem Begriff Internet of Things (IoT) bezeichnet,[2] gewinnt eine immer stärkere Bedeutung. Connected Cars, also Fahrzeuge, die virtuell mit anderen Fahrzeugen oder Geräten kommunizieren können, sind derzeit das prominenteste Beispiel. Künftig wird aber auch der Kühlschrank in der Lage sein zu kommunizieren; bei Erreichen eines Meldebestandes oder bei Ablauf des Mindesthaltbarkeitsdatums wird er eigenständig Lebensmittel bestellen, die dann möglicherweise von anderen autarken ‚Devices‘ geliefert werden. Techniken wie Blockchain,[3] die u.a. Smart Contracts[4] und Kryptowährungen[5] wie auch sichere digitale Schlüssel möglich machen, werden diese Kommunikation steuern. D.h. der Kühlschrank bestellt nicht nur, über Smart Contracts ist diese Bestellung auch rechtsverbindlich und mittels digitaler Währungen wird bezahlt, automatisierte Liefersysteme, z.B. Drohnen, besitzen einen digitalen Schlüssel, der z.b. die Garage über die Cloud öffnet und liefern somit direkt ins Haus.

Dies mag sich gegenwärtig noch futuristisch anhören, ist aber auf der Grundlage dessen, worüber wir heute diskutieren und forschen, schon sehr nah an der Realität und vorstellbar. Wie viele Dinge betreiben wir heute, die, um schon einmal den Bogen zur amtlichen Statistik zu spannen, während der Volkszählungsdiskussionen in den achtziger Jahren des vorherigen Jahrhunderts, schlicht nicht vorstellbar waren?

Die digitale Revolution wird natürlich auch die amtliche Statistik deutlich verändern; dieser Prozess hat in Teilen schon begonnen. Kapitel II wird aufzeigen, welche Chancen und Herausforderungen für die amtliche Statistik mit den neuen digitalen Daten, zu denen teilweise auch die administrativen

---

2 Dies obwohl M2M begrifflich weiter gefasst ist, da Maschinen auch über andere Wege, so z.B. über Bluetooth, kommunizieren können.

3 Blockchains sind dezentrale Datenbankstrukturen, die durch kryptographische Verkettungen gesichert sind. Diese Technologie zeichnet sich durch ihre Dezentralität, Unveränderlichkeit und Transparenz aus.

4 Ein Smart Contract ist ein Vertrag auf Software-Basis, bei dem unterschiedlichste Vertragsbedingungen hinterlegt werden können. Während des Vertragsverlaufs können bestimmte verknüpfte Aktionen selbsttätig ausgeführt werden, wenn ein entsprechender Auslöser vorliegt, sodass einzelne Vertragsbedingungen automatisiert durchgesetzt werden können.

5 Kryptowährungen sind digitale Zahlungsmittel, prominentestes Beispiel sind derzeit Bitcoins.

Daten gehören, verbunden sind und in welcher Weise sich die statistischen Ämter mit diesem Thema beschäftigen. Kapitel III stellt die Aktivitäten und einige Machbarkeitsstudien vor, die die amtliche Statistik in Deutschland derzeit durchführt bzw. plant. Ein Ausblick beschließt diesen Artikel.

2 Digitale Daten und amtliche Statistik

Mit den verschiedenen Kommunikationsformen des IT-Zeitalters (Mensch-Mensch, Mensch-Maschine, Maschine-Maschine) fallen sehr große Datenmengen in unterschiedlichster Form an, die umgangssprachlich mit dem Begriff Big Data bezeichnet werden.[6] Zum einen handelt es sich dabei um prozessproduzierte Metainformationen, vor allem wann und wo eine Kommunikation oder Transaktion stattgefunden hat, zum anderen um den Inhalt z.b. von sozialen Netzwerken oder um Messwerte von Sensoren oder Satelliten. Diese neuen digitalen Daten haben das Potenzial amtliche Statistiken zu verbessern, zu beschleunigen, präziser im Detail auszugestalten und völlig neue Sachverhalte empirisch darzustellen. Dies alles bei einer spürbaren Entlastung der Auskunftgebenden. Hierzu muss sich aber die amtliche Statistik nachhaltig weiterentwickeln und für vielfältige Herausforderungen Antworten erarbeiten, Qualität und Datenschutz als eingängigste Stichworte. Aber auch die dauerhaft sichere Datenverfügbarkeit ist ein wichtiges Thema, da die neuen digitalen Daten häufig in privatwirtschaftlichen Unternehmen entstehen oder erst einmal nur dezentral anfallen. Im Rahmen des IoT werden Maschinen intensiv miteinander kommunizieren, Verträge abschließen, Dienstleistungen gegen Geldeinheiten austauschen, ohne dass diese detaillierten Transaktionen zentral erfasst werden. Diese Transaktionen bedeuten aber eine Wertschöpfung und sollten daher in die Volkswirtschaftlichen Gesamtrechnungen eingehen. Völlig neue Formen der Datenerhebung, die wir derzeit noch nicht einmal in Ansätzen kennen, werden hierzu notwendig sein.

Es ist an dieser Stelle zu betonen, dass die neuen digitalen Daten bisherige Befragungsdaten nicht vollständig ersetzen werden. Vielmehr werden künftig ‚blended data‘, also verknüpfte Befragungs-, administrative und weitere digitale Daten Grundlage für amtliche Statistiken sein. Dabei wird

---

6 Zu Fragen der Abgrenzung von Big Data siehe Zwick (2016a) u.v.a.

sich die heute oft immer noch übliche 1:1-Beziehung von Datenbestand und einzelner Statistik auflösen. Einzelne Datenbestände, wie z.b. Mobilfunkdaten, sind für verschiedenste Bereiche wie Pendlerverhalten, Tourismus, oder Bevölkerungsstatistiken nutzbar. Auf der anderen Seite werden einzelne Statistikbereiche wie z.b. der Zensus schon heute auf der Basis verschiedener Befragungs- und administrativer Daten erstellt. Aus der 1:1-Beziehung wird eine m:k-Beziehung.

Die gewaltigen Aufgaben, die vor den statistischen Ämtern liegen, wird kein Amt alleine bewältigen müssen und auch nicht können. Diese Herausforderungen betreffen die amtliche Statistik an sich und werden daher auch im internationalen Kontext diskutiert und bearbeitet.[7]

Mit dem Thema der Integration neuer digitaler Datenquellen in amtliche Statistiken befasste sich in Europa zuerst die niederländische Regierung. Innerhalb des Projekts ‚Go with the dataflow' wurde im Jahre 2009 erstmals eine Publikation vorgelegt, in der in einem breiteren Umfang die Nutzung neuer internetbasierter Daten für den politischen Willensbildungsprozess analysiert wurde (Ministry of Economic Affairs (Netherlands) 2009). Ein wichtiger Meilenstein war dann in der Folge der Beschluss der europäischen Leiterinnen und Leiter der nationalen statischen Ämter des Europäischen Statistischen Systems (ESS) im Jahre 2013, neue digitale Daten für amtliche Statistiken zu nutzen. Mit dem „Big Data Roadmap and Action Plan 1.0" wurde dann im Folgejahr ein erster konkreter Umsetzungsplan vorgelegt (Europäisches Statistisches System 2014; Wirthmann 2016).

Die Roadmap unterteilt die notwendigen Aktivitäten in drei Zeitperspektiven:

- langfristige Vision (nach 2020)
- mittlere Ziele (bis 2020)
- kurzfristig umsetzbare Aktivitäten

In der langfristigen Vision sind die neuen digitalen Datenbestände in die Statistikproduktion integriert und die nationalen und europäischen Rechtsrahmen entsprechend den Nutzungen angepasst. Des Weiteren werden bis dahin Eigentums- und Nutzungsfragen derart geklärt sein, dass ein rei-

---

7   Siehe hierzu insbesondere auch die Diskussionen innerhalb der UNECE High Level Group for the Modernization of Official Statistics unter https://statswiki.unece. org/display/bigdata/Big+Data+in+Official+Statistics.

bungsloser Zugang zu den Daten gewährleistet ist. Ferner stehen im benötigten Umfang Mitarbeiterinnen und Mitarbeiter innerhalb des ESS zur Verfügung, die die notwendigen Kenntnisse und Fähigkeiten zur Produktion und Analyse der neuen Datenprodukte aufweisen.

In der mittleren Frist sollen erste europaweite Machbarkeitsstudien, mit denen die Integration neuer Datenbestände in laufende Statistiken erprobt wird, abgeschlossen sein. Die IT-Infrastruktur soll in diesem Zeitraum an die neuen Anforderungen angepasst werden. Methodische sowie Qualitätsfragen sollen im Zeitraum bis 2020 beantwortet werden. Darüber hinaus sind Data Science-Fertigkeiten in die Ausbildungspläne an Hochschulen sowie in den internen Weiterbildungsverfahren zu integrieren.

Für die kurze Frist wurden im Rahmen eines ESSnet Projekts ‚Big Data' acht Machbarkeitsstudien, sogenannte Work Packages (WP), gestartet. Die Arbeitspakete werden jeweils unter Beteiligung verschiedener Nationaler Statistischer Ämter (NSÄ), insgesamt beteiligen sich neben Eurostat 20 NSÄ sowie zwei weitere Partner, bearbeitet und laufen noch bis Mitte 2018. Folgende Arbeitspakete werden derzeit durchgeführt:[8]

1. Web scraping job vacancies

2. Web scraping enterprise characteristics

3. Smart meters

4. AIS Vessel Identification Data

5. Mobile phone data

6. Early estimates

7. Multiple domains

8. Methodology

Das Statistische Bundesamt (Destatis) ist bei den Paketen 1 und 5 direkt beteiligt und beobachtet die Arbeiten der anderen Arbeitspakete intensiv.[9] Darüber hinaus ist Destatis im Rahmen der ESS Steering Group sowie der ESS Task Force Big Data engagiert. Derzeit werden in diesen Arbeitsgruppen die Aktivitäten ab 2018 vorbereitet. Fragen sind hier u.a. welche derzeitigen Projekte noch weiterzuführen sind und welche Arbeiten zusätzlich begon-

---

8   Siehe zu den Inhalten der Machbarkeitsstudien https://webgate.ec.europa.eu/
     fpfis/mwikis/essnetbigdata/index.php/ESSnet_Big_Data.

9   Zu den Arbeiten innerhalb des WP 1 siehe Rengers (2017).

nen werden sollten. Datenseitig sind dies vorrangig Fragen im Kontext des IoT; administrativ werden insbesondere ethische wie rechtliche Frage weiter zu erörtern sein. Neben Datenschutzfragen, vor allem auch im Zusammenhang mit der neuen europäischen Datenschutzgrundverordnung (DSGVO),[10] sind dies Fragen zum Zugang zu Daten privatwirtschaftlich organisierter Institutionen wie z.b. von Mobilfunkanbietern. Eine Reihe von NSÄ fordert eine EU-weite rechtliche Grundlage, die die gesetzliche Weiterleitung dieser Daten für öffentliche Zwecke vorsieht. Frankreich ist hier mit dem im Jahr 2016 verabschiedeten Digitalgesetz Vorreiter.[11] Für die amtliche Statistik ist Artikel 19 dieses Digitalgesetzes von besonderem Interesse. Durch Artikel 19 wurde eine Rechtsgrundlage geschaffen, die es dem französischen Minister für Wirtschaft und Finanzen erlaubt, Privatunternehmen (privatrechtliche juristische Personen) dazu zu verpflichten, Informationen aus ihren Datenbanken über sichere elektronische Wege mit dem französischen Statistikamt ,Institut national de la statistique et des études économiques' (INSEE) und den Statistikabteilungen der französischen Ministerien zu teilen.

3   Nationale Roadmap zur Integration neuer digitaler Daten in amtliche Statistiken

Derzeit gehört Destatis zu den aktiven NSÄ, die neue digitale Datenbestände auf die Verwendbarkeit innerhalb amtlicher Statistiken prüfen und Ergebnisse teilweise auch schon umsetzen, wie z.b. in den Preisstatistiken. Gemäß der ESS Big Data Roadmap sollen bis 2020 erste Projektergebnisse zu Big Data Eingang in amtliche Statistiken finden.[12] Aufgrund der komplexen

---

10   Verordnung (EU) 2016/679 des Europäischen Parlaments und des Rates vom 27. April 2016 zum Schutz natürlicher Personen bei der Verarbeitung personenbezogener Daten, zum freien Datenverkehr und zur Aufhebung der Richtlinie 95/46/ EG, http://eur-lex.europa.eu/legal-content/de/TXT/?uri=CELEX%3A32016R0679.

11   Gesetz für eine digitale Republik („Loi n° 2016-1321 pour une République numérique"), www.legifrance.gouv.fr/eli/loi/2016/10/7/ECFI1524250L/jo/texte.

12   Derzeitige Ergebnisse der WP stellen keine Veröffentlichungen des ESS im engeren Sinne dar. Um diese experimentellen Ergebnisse von amtlichen Zahlen abzugrenzen, hat Eurostat gemeinsam mit den NSÄ einen eigenen Veröffentlichungsbereich geschaffen, siehe hierzu http://ec.europa.eu/eurostat/web/experimental-statistics.

föderalen Statistikproduktion in Deutschland sowie einer in Datenfragen eher defensiv eingestellten Bevölkerung wird die Integration neuer digitaler Datenbestände in Deutschland vermutlich mehr Zeit benötigen, als dies in anderen europäischen Ländern der Fall sein wird. Da diese Entwicklung schon jetzt absehbar ist, können und müssen schon gegenwärtig unterstützende Maßnahmen und Verfahren begonnen werden, damit Deutschland in der Umsetzungsphase technologisch nicht zurückfällt.

Diese Ausführungen zeigen schon deutlich, dass der Themenbereich der neuen digitalen Daten für die amtliche Statistik weit mehr bedeutet als statistische/mathematische Qualitäts- und Methodenfragen, die auf der Basis von Daten beantwortet werden können. Aus diesem Grund werden nachfolgend im Unterkapitel 3.1 zuerst die administrativen Aspekte der Integration neuer digitaler Daten in Deutschland aufgezeigt. Unterkapitel 3.2 befasst sich mit Vorprodukten der Statistikerstellung, während Unterkapitel 3.3 einige der derzeitigen nationalen Machbarkeitsstudien vorstellt.

3.1   Administrative Aspekte der Integration neuer digitaler Daten

Administrative Aspekte wie Datenschutzfragen, Datenzugang aber auch Fragen zur Aus- und Weiterbildung benötigen derzeit einen großen Teil der Ressourcen, die für die Arbeiten im Rahmen der Integration neuer digitaler Daten in amtlicher Statistik zur Verfügung stehen. Die vorbereitenden Arbeiten zur erstmaligen Analyse von anonymen Mobilfunkdaten in der deutschen amtlichen Statistik haben rund ein Jahr benötigt; dies befindet sich im international vergleichbaren zeitlichen Rahmen. Dazu gehörten neben den Verhandlungen mit den datenhaltenden Mobilfunkunternehmen u.a. eine Reihe von Abstimmungsgesprächen mit der ‚Bundesbeauftragten für den Datenschutz und die Informationsfreiheit' wie mit der Bundesnetzagentur. Diese Gespräche zeigen deutlich, dass die Fragen im Kontext der digitalen Daten für viele Beteiligte neu sind. Wie die amtliche Statistik haben auch die Datenschutzbeauftragten des Bundes und der Länder neue Antworten zu erarbeiten.[13]

Neue digitale Daten, die innerhalb der amtlichen Statistik Verwendung finden könnten, werfen eine ganze Reihe von Rechtsfragen auf. Zum einen

---

13 Zu diesen Diskussionen siehe u.a. das Editorial von Wegener (2016) zum DuD Sonderheft ‚Big Data' sowie das Positionspapier des Rates für Informationsinfrastrukturen (2016).

ergeben sich Rechtsfragen in konkreten Anwendungen, wie die laufenden Pilotprojekte zu diesen Daten zeigen. Diese Rechtsfragen lassen sich aus dem bestehenden statistischen Rechtsrahmen heraus, wenn auch nicht immer einfach und befriedigend, beantworten. Darüber hinaus sind strategische Fragen rechtlich zu beantworten. Ausgehend von der ESS Big Data Roadmap sind in der Version für die Zeit nach 2020 neue digitale Daten in amtliche Statistiken integriert, die Rechtsrahmen dazu geschaffen sowie die Eigentumsfragen geklärt. Um dies national zu erreichen, sind bestehende gesetzliche Regelungen gemeinsam mit den Datenschutzbeauftragten und der Politik weiterzuentwickeln bzw. neue zu schaffen.

Ein wichtiger Punkt der ESS Big Data Roadmap ist es auch, als amtliche Statistik national in Regierungsinitiativen zu neuen Technologien und hier insbesondere zu Digitalisierungs-Initiativen aufgenommen zu werden. Dies bedeutet für Deutschland, dass die amtliche Statistik innerhalb der digitalen Agenda der Bundesregierung eine stärkere Beachtung finden muss. Die digitale Agenda hat als Beispiel das Handlungsfeld ‚Innovativer Staat'. Hier findet sich u.a. die Aussage: „Fernerkundungsdaten wie z.B. Satellitenbilder sind von zunehmender Bedeutung für Wirtschaft, Wissenschaft und viele Bundesbehörden. Wir prüfen daher, wie ein zentraler digitaler Zugriff und daraus abgeleitete Produkte bereitgestellt werden können."[14]

Zum einen hat die amtliche Statistik im Kontext ihrer Digitalisierung Erwartungen an die Politik, diese aber auch immer stärkere Erwartungen an die amtliche Statistik. So erhoffen sich Bundes- wie Länderregierungen, dass amtliche Statistik mit der digitalen Revolution leistungsfähiger und kostengünstiger wird, dies bei einer spürbaren Entlastung der Auskunftgebenden. In dem im Juni 2017 beschlossenen Koalitionsvertrag für NRW findet sich daher auch die Passage „Die Digitalisierung bringt zahlreiche Chancen für eine Modernisierung und Entschlackung des Statistikwesens. Diese Chancen wollen wir zur Entlastung des Mittelstands von Bürokratie nutzen."[15]

Ein weiterer gewichtiger Punkt für die amtliche Statistik im Kontext neuer digitaler Daten ist der Produktionsprozess. Theoretische Grundlage

---

14 www.digitale-agenda.de/Webs/DA/DE/Handlungsfelder/3_InnovativerStaat/innovativer-staat_node.html.

15 Koalitionsvertrag für Nordrhein-Westfalen 2017–2022, S. 35, www.cdu-nrw.de/sites/default/files/media/docs/vertrag_nrw-koalition_2017.pdf.

ist hier innerhalb des ESS das „Generic Statistical Business Process Modell (GSBPM)".[16] Auch Deutschland folgt diesem Prozessmodell vom Grunde her; die amtliche deutsche Statistik ist aber aufgrund ihrer föderalen Produktionsstruktur deutlich komplexer. Insgesamt zeigen die ersten Arbeiten mit und zu den neuen digitalen Daten, dass eine stärker linear ausgerichtete Produktionsstruktur nicht als die beste Organisationsform erscheint. Die gegenwärtige Strukturierung der Bearbeitungsprozesse und die Dezentralisierung von Erfahrungen und Fertigkeiten innerhalb von Linienorganisationen, wie in Deutschland üblich, scheinen nicht immer sachgerecht.

Auf der anderen Seite versuchen NSÄ wie das ‚Centraal Bureau voor de Statistiek' (CBS) in den Niederlanden oder das ‚Office for National Statistics' (ONS) des Vereinigten Königreiches mit neu eingerichteten zentralen Institutionen, die Integration der neuen digitalen Daten in amtliche Statistiken zu organisieren.[17] Es bleibt abzuwarten ob zentrale Produktionsmodelle, im Gegensatz zum dezentralen Linienmodell, über die Projektphase hinaus im Produktionsdauerbetrieb, die richtige Antwort sind. Die gegenwärtigen Arbeiten zeigen, dass zur Erstellung von Projektergebnissen viele Bereiche innerhalb und teilweise außerhalb der statistischen Ämter beteiligt werden müssen. Dieser Arbeitsweise werden eher Matrix-Organisationen gerecht.

Mit den neuen digitalen Daten stellt sich auch die Frage, welche Fertigkeiten die künftige Statistikergeneration benötigt, sowie darüber hinaus, ob die gegenwärtig gelehrten Methoden auch künftig den gleichen Stellenwert haben und inwieweit ggf. neue Methoden notwendig sind (Ridgway 2016).

Derzeit scheint es Konsens, dass sich das Profil der künftigen Generation der Statistikerinnen und Statistiker in weiten Bereichen wandeln wird (Kreuter et al. 2017; Kauermann 2017; Zwick 2016b). Im Jahre 2014 führte die UNECE eine Befragung von statistischen Ämtern hinsichtlich künftig benötigter und vorhandener Fertigkeiten zur Integration von Big Data in amtliche Statistiken durch.[18] Folgende notwendige Kompetenzen wurden regelmäßig benannt:

---

16 Zum GSBPM siehe https://statswiki.unece.org/display/metis/The+Generic+Statistical+Business+Process+Model.

17 Siehe zum Center for Big Data Statistics des CBS www.cbs.nl/en-gb/our-services/unique-collaboration-for-big-data-research, zum ONS Big Data Team www.ons.gov.uk/aboutus/whatwedo/programmesandprojects/theonsbigdataproject.

18 Siehe hierzu https://statswiki.unece.org/display/bigdata/Competency+Profiles.

- Statistik und IT-Fertigkeiten
- Analytische Expertise
- Fertigkeit zur qualitativen und ethischen Analyse von Erhebungen und Ergebnissen
- Management-Fertigkeiten
- Kommunikationsfähigkeit

Die Liste lässt sich verlängern und in starkem Maße ausdifferenzieren, aber sie zeigt auch schon in dieser Form, dass künftig Interdisziplinarität und Arbeitsteilung einen noch stärkeren Wert in der Datenproduktion einnehmen werden. Der viel ersehnte Data Scientist (Davenport und Patil 2012) wird dabei gewichtig aber nicht allein ausschlaggebend sein. In der obigen Liste wird der Data Scientist nur die ersten beiden Punkte abdecken können. Wie schon erläutert benötigen die neuen digitalen Daten eine Form der Arbeitsteilung, die nicht immer mit derzeitigen Organisationstrukturen innerhalb der NSÄ korrespondiert. Somit bedeuten diese Daten für die Ämter insbesondere auch Change Management (United Nations Economic Commission for Europe 2013; Köhler und Zwick 2017).

Ein weiterer Bereich der eher dem administrativen Rahmen zuzuordnen ist, ist die Öffentlichkeitsarbeit. Zur Gewährleistung einer hohen Qualität amtlicher Statistiken ist das Vertrauen der Auskunftgebenden wie der Datennutzer unerlässlich. Zur Aufrechterhaltung dieses Vertrauensverhältnisses ist eine transparente Vorgehensweise bei der Integration neuer digitaler Datenbestände in amtliche Statistiken unabdingbar. Da auch weiterhin Befragungsdaten einen hohen Stellenwert in amtlichen Statistiken haben werden, sind zum einen die Auskunftgebenden in geeigneter Form zu informieren, wie erhobene Daten ggf. mit weiteren Datenquellen kombiniert werden. Zum anderen sind die methodischen Verfahrensweisen bei Verwendung digitaler Datenquellen in geeigneter Form für die Datennutzer zu dokumentieren. Es ist zu vermeiden, dass intransparente methodische Bereiche entstehen. Aus diesem Grund arbeitet Destatis derzeit an einer Kommunikationsstrategie, um die jeweiligen ‚Stakeholder' zu jedem Zeitpunkt sachgerecht zu informieren.

3.2   Vorprodukte amtlicher statistischer Ergebnisse

Unzweifelhaft werden sich Hard- wie Software innerhalb der statistischen Ämter weiterentwickeln müssen. Dies gilt insbesondere, wenn die neuen Daten nicht nur ‚Big‘ sind, sondern auch in Echtzeit anfallen und ausgewertet werden sollen. IT-architektonische Fragen sind hier in enger Abstimmung zwischen der Fachanwendung und den IT-Bereichen zu beantworten. Ein neben den technischen Fragen neuer Aspekt ist hierbei, wie die gegenwärtigen Arbeiten zeigen, die Frage der Vorprodukte; dieser Bereich ist mit dem GSBPM eng verbunden.

Der ‚Rohstoff‘ der amtlichen Statistik sind in der Regel die Einzel- bzw. Mikrodaten. Die feinste Informationseinheit ist hier die einzelne Ausprägung für die erfassten Merkmale der jeweiligen Merkmalsträger. Auf Basis dieses ‚Grundstoffes‘ werden amtliche statistische Produkte, meist in aggregierter Form als Tabellen oder Indizes, aber auch als anonymisierte Einzeldatensätze, erstellt. Es existieren zwar auch einige amtliche Statistiken, die schon auf statistisch aufbereitete Produkte aufsetzen, so in den volkswirtschaftlichen Gesamtrechnungen, dies ist aber in den meisten Bereichen nicht der Fall.

Von der einzeldatenorientierten Produktionsweise wird sich die amtliche Statistik mit den neuen digitalen Daten in Teilen lösen müssen. Manche der neuen Informationen sind in ihrer Entstehung für die Statistikerin oder den Statistiker nicht immer direkt verständlich. Einzelne Signale von Geräten, Mobilfunksignale oder technische Kommunikation zwischen Sensoren sind ohne das tiefe Verständnis der jeweiligen Materie nicht ohne Weiteres in Informationen zu übersetzen. Das gleiche gilt für Satellitenbeobachtungen, die neben hochauflösenden Bildern sehr viele weitere Parameter erfassen. In der Regel wird es nicht sinnvoll sein, in den statistischen Ämtern parallel zu den datenerzeugenden Einrichtungen bzw. Unternehmen ebenfalls das Wissen aufzubauen, um in diesen Fällen aus einem Signal eine Information zu generieren.

Darüber hinaus steht die Frage, ob eine mehrfache Datenhaltung sinnvoll ist. Im Bereich der Satellitendaten fallen sehr große Datenmengen an, die in den nächsten Jahren weiter stark anwachsen werden. Die Europäische Space Agency (ESA) sowie das Deutsche Zentrum für Luft- und Raumfahrt (DLR) konzipieren hierzu eine entsprechende IT-Architektur. Es ist ökonomisch nicht sinnvoll, diese Kapazitäten im Bereich der amtlichen Statistik ebenfalls vorzuhalten.

Dies wird dazu führen, dass die amtliche Statistik künftig nicht immer den Informationsrohstoff Mikrodatum, sondern Vor- und Zwischenprodukte für die Erstellung ihrer Ergebnisse nutzen wird.

Statistische Zwischenprodukte können auch eine Antwort in schwierigen Datenschutzfragen sein, so z.b. bei Verlaufsdaten von Navigations- oder Mobilfunkgeräten. Prinzipiell sollte es weiterhin möglich sein, sensible Daten in den sicheren Bereichen der amtlichen Statistik zu verarbeiten und als anonymisiertes Ergebnis zum allgemeinen Nutzen verfügbar zu machen, dies analog zu den hochsensiblen Gesundheits- oder Einkommensteuerdaten. Grundsätzlich ist es aber auch vorstellbar, dass erste Verarbeitungsschritte an der Quelle der Daten ansetzen. Algorithmen könnten dafür sorgen, dass Signale, die einen Rückschluss auf einen Merkmalsträger erlauben würden, direkt beim Datenproduzenten in eine Form transformiert werden, die eine Zuordnung von Informationen zu einer einzelnen Person oder zu einem Unternehmen nicht mehr ermöglichen. Dieser Gedanke steht auch hinter dem Konzept des ,Privacy by Design' der neuen DSGVO.

Elementare Grundvoraussetzung bei der Nutzung von statistischen Zwischenprodukten ist das Verständnis des datengenerierenden wie des verarbeitenden Prozesses vor Eingang in den Bereich der amtlichen Statistik. Hinreichende Qualität amtlicher Statistiken ist nur zu erreichen, wenn der gesamte Statistikprozess transparent und nachvollziehbar ist. Das bedeutet aber auf der anderen Seite auch, dass wir uns wesentlich tiefer in physikalische, biologische oder auch chemische Prozesse einarbeiten müssen, um die Daten verstehen zu können.

3.3 Nationale Machbarkeitsstudien

Digitale Datenquellen sind in der deutschen amtlichen Statistik ein junges, aber kein ganz neues Thema. In verschiedenen Bereichen der Fachstatistiken sind in den letzten Jahren bereits mehrere Projekte angelaufen. Um dabei Erfahrungswerte zu teilen und von bereits vorhandenem Fachwissen zu profitieren, werden diese Projekte in der Regel in Zusammenarbeit mit anderen Institutionen, z.B. mit anderen NSÄ, Eurostat, dem Deutschen Luft- und Raumfahrtzentrum (DLR) oder etwa dem Bundesamt für Kartografie und Geodäsie (BKG) durchgeführt. Im Vordergrund der Projekte steht dabei häufig die Erschließung einer bestimmten Datenquelle oder einer neuen (Big Data-)Methode, um ihre Eignung für den Einsatz in der amtlichen Statistik zu untersuchen. Dabei ist zu beobachten, dass sich eine bestimmte Datenquelle oder Methode für mehrere, ganz verschiedene Fachstatistiken eignen kann.

Erste Erfahrungen mit digitalen Datenquellen und den dazugehörigen Methoden hat Destatis im Bereich der Preisstatistik in von Eurostat finanzierten Machbarkeitsstudien erworben. Durch „Web Scraping", einer Methode zum gezielten Extrahieren und automatisierten Speichern von einzelnen Informationen auf Webseiten, können Preise, beispielsweise für den Verbraucherpreisindex, online erfasst werden (Brunner 2014). Dabei wurden zunächst Teile der zuvor manuellen Erhebung von Preisen im Internet automatisiert und dadurch der Erhebungsprozess insgesamt effizienter gestaltet. Zugleich bietet die Methode aber auch die Möglichkeit, deutlich häufiger und für insgesamt mehr Produkte als bisher Preise zu erfassen. Diese Arbeiten bilden auch die Grundlage für laufende Untersuchungen von Destatis zu Preisschwankungen, die z.B. durch dynamische Preissetzung verursacht werden. Da die neue EU-Rahmenverordnung 2016/792 zum harmonisierten Verbraucherpreisindex[19] erstmals explizit Scannerdaten als mögliche Datenquelle erwähnt, sind auch mit diesen Daten Machbarkeitsstudien geplant.

Web Scraping wird als Methode auch im Bereich der Arbeitsmarktberichterstattung im Rahmen des europäischen „ESSnet Big Data"-Projektes eingesetzt. In einer Pilotstudie zur internetgestützten Erfassung von Stellenangeboten wird untersucht, inwiefern die durch Web Scraping extrahierten Informationen zu offenen Stellen genutzt werden können, um die etablierten Statistiken zur Zahl der offenen Stellen zu ergänzen (Rengers 2017).

Ein weiteres Einsatzgebiet von neuen digitalen Datenquellen in der deutschen amtlichen Statistik ist die Flächenstatistik. In dem Projekt „Cop4Stat_2015plus" untersucht Destatis in Zusammenarbeit mit dem BKG die Auswertungsmöglichkeiten verschiedener Produkte des Europäischen

---

19 Verordnung (EU) 2016/792 des Europäischen Parlaments und des Rates vom 11. Mai 2016 über harmonisierte Verbraucherpreisindizes und den Häuserpreisindex sowie zur Aufhebung der Verordnung (EG) Nr. 2494/95 des Rates, http://eur-lex. europa.eu/legal-content/DE/ALL/?uri=CELEX%3A32016R0792.

Fernerkundungsprogramms „Copernicus".[20] Dabei kann es sich z.B. um hochauflösende Satellitenbilder oder Radardaten handeln, die von den Satelliten der Sentinel-Missionen des Copernicus-Programms aufgenommen und größtenteils kostenfrei im Internet zur Verfügung gestellt werden. Ausgangspunkt für das Projekt waren Anforderungen von europäischer Ebene an die Flächenstatistik (Arnold 2015). In dem Projekt wird durch pixel- und objektbasierte Analysen geprüft, ob mit den Satellitenbilddaten statistisch relevante Aussagen zur Landbedeckung und Landnutzung getroffen werden können. So ist es beispielsweise möglich, anhand der Satellitenbilddaten zwischen verschiedenen Formen der Landbedeckung wie z.B. Gras oder Laubwald zu unterscheiden. In einem Zusatzprojekt werden Höhendaten und ein dreidimensionales Geländemodell des DLRs für Flächen, die bisher nicht eindeutig identifiziert werden konnten, hinzugezogen. Zukünftig sind auch Anwendungen im Bereich der Erntestatistiken denkbar, bei denen die Anbaufläche verschiedener Pflanzensorten und ihre Wachstumsgeschwindigkeit anhand von Fernerkundungsdaten modellbasiert geschätzt werden können (Brisbane und Mohl 2014).

Weitere Projekte mit Fernerkundungsdaten sind in Zusammenarbeit mit dem niederländischen und dem belgischen Statistikamt geplant. In einer Machbarkeitsstudie soll untersucht werden, inwiefern Algorithmen trainiert werden können, automatisiert Solarmodule auf Satellitenbildern zu identifizieren.[21] In dem gemeinsam mit verschiedenen NSÄ und Universitäten im Rahmen von Horizon 2020 beantragten Projekt „MAKing Sustainable development and WELL-being frameworks work for policy analysis" (MAKSWELL) sollen verschiedene neue digitale Datenquellen wie Satellitendaten hinsichtlich einer Verwendung für Nachhaltigkeitsindikatoren getestet werden.[22] Des Weiteren ist Destatis im Gespräch mit dem niederländischen Unternehmen „Dataprovider", das in großem Umfang mittels sogenanntem „Web Crawling" Informationen auf den Webseiten von Unternehmen sammelt und in einer Datenbank in strukturierter Form zur

---

20 Zu Copernicus in Deutschland: www.d-copernicus.de.

21 Die Projektkonzeption wurde im Rahmen der Eurostat-Ausschreibung ‚Merging statistics and geospatial information in Member States' angeboten und befindet sich derzeit in der Evaluierung.

22 Horizon 2020 ist das achte EU-Forschungsförderprogramm, siehe hierzu https://ec.europa.eu/programmes/horizon2020.

Verfügung stellt. Das niederländische Statistikamt hat diesen Datenbestand bereits im Rahmen eines Pilotprojekts mit Unternehmensregisterdaten verknüpft, um Aussagen über Größe und Umsatz der Internetwirtschaft abzuleiten (Oostrom et al. 2016).

Nach den weiter oben bereits beschriebenen Vorarbeiten zur Nutzung von anonymisierten Mobilfunkdaten ist nun eine erste Machbarkeitsstudie mit diesen Daten vorgesehen. In einem ersten Schritt sollen Ergebnisse zu Pendlerbewegungen und zur mobilen Bevölkerung, wie von anderen NSÄ innerhalb des ESS schon vorgelegt (Meersman et al. 2016), für Deutschland reproduziert werden. In einem weiteren Schritt sollen diese Daten auch auf ihre mögliche Verwendung für Tourismusstatistiken untersucht werden; hierzu bestehen erste internationale Erfahrungen (Europäische Kommission 2014).

Auch im Statistischen Verbund soll die gemeinsame Projektarbeit mit digitalen Datenquellen gefördert werden. Hierzu ist u.a. auch eine Bund-Länder-Arbeitsgruppe ‚Digitale Daten' etabliert worden. Mit den Statistischen Landesämtern aus Hessen und Nordrhein-Westfalen werden bereits verschiedene konkrete Projekte vorbereitet.

4 Ausblick

Die neuen digitalen Daten werden die amtliche Statistik nachhaltig verändern, dies in ihrem Produktionsprozess wie in ihren Produkten. Die neuen Daten werden dazu führen, dass amtliche Statistik schneller und präziser sein wird. Ob dies auch bedeutet, dass amtliche Statistik kostengünstiger wird, muss sich allerdings noch erweisen. Zu erwarten ist aber, dass amtliche Statistiken künftig mit einem geringeren Befragungsaufwand verbunden sind. Fragebogenerhebungen werden zwar auch in der Zukunft noch Grundlage verschiedener amtlicher Statistiken sein, dies aber in deutlich geringerem Umfang. Insbesondere die Kombination aus Befragungs-, administrativen und weiteren digitalen Daten wird in der Regel der Ausgangspunkt der Ergebniserstellung sein.

Das Ziel ist damit klar definiert, der Weg dorthin aber noch ein langer. Zur Integration der neuen digitalen Daten in amtliche Statistikprodukte sind vielfältige Herausforderungen zu meistern. Change Management war schon immer ein Thema in der amtlichen Statistik. Aber auch im Informati-

onsdienstleistungsbereich werden mit der Digitalisierung die Produktions-
zyklen kürzer und damit müssen Anpassungsprozesse schneller verlaufen.
Start-ups werden versuchen, Marktbereiche zu besetzen, die traditionell der
amtlichen Statistik vorbehalten waren. Big Player wie Google oder Amazon
sind hier schon als Konkurrenten am Markt.

Es wird zu diskutieren sein, ob die amtliche Statistik als öffentliches
Gut mit privaten Informationsanbietern in Konkurrenz treten soll, wenn
diese Akteure den Markt adäquat bedienen können. Dies wird in Teilberei-
chen der Fall sein, aber die amtliche Statistik nicht grundsätzlich in Frage
stellen. Zum einen werden Unternehmen nur Marktbereiche besetzen, in
denen Gewinne realisierbar sind und daher keine vom Prinzip her kosten-
freie informationelle Infrastruktur bereitstellen. Darüber hinaus sind Unternehmen, selbst wenn sie hinsichtlich der Qualität vergleichbare Produkte
erstellen würden, in ihrem Datenangebot beschränkt.

Der größte Nutzen, den die neuen digitalen Daten entfalten können, liegt
in ihrer Kombination mit Befragungs- und administrativen Daten. Die Integration verschiedener Datenbestände erlaubt die breiteste Analysefähigkeit.
Die Möglichkeit größere Befragungen auch mit Auskunftspflicht durchzuführen sowie Zugang zu administrativen Daten hat weltweit in der Regel
nur die amtliche Statistik. Es ist nicht zu erwarten, dass sich dies absehbar
ändern wird. Damit hat die amtliche Statistik weiterhin ein Alleinstellungsmerkmal am Informationsmarkt.

Mit diesem Alleinstellungsmerkmal geht aber auch die Verantwortung
einher, das öffentliche Gut ‚amtliche Statistik' im digitalen Zeitalter in
sachgerechter Weise zur Verfügung zu stellen. Die damit verbundenen Fragen sind benannt und liegen als Aufgaben derzeit noch größtenteils unge-
löst vor den NSÄ. Gemäß der langfristigen Vision des ESS „Big Data Roadmap and Action Plan 1.0" ist die Big Data-Welle bis Mitte der 2020er-Jahre
in die amtliche Statistik integriert, für die Daten des Internet of Things steht
die zeitliche Vision noch aus.

Literatur

Arnold, S. (2015). Bereitstellung harmonisierter Landnutzungs- und Land-bedeckungsstatistiken. *Wirtschaft und Statistik 2*, 67-79, Wiesbaden.

Brisbane, J. & Mohl, C. (2014). The Potential Use of Remote Sensing to Produce Field Crop, Statistics at Statistics Canada. Proceedings of Statistics Canada Symposium 2014.

Brunner, K. (2014). Automatisierte Preiserhebung im Internet. *Wirtschaft und Statistik 4*, 258-261, Wiesbaden.

Davenport, T. H. & Patil, D. J. (2012). Data Scientist: The Sexiest Job of the 21st Century. Harvard Business Review, 70 ff. https://hbr.org/2012/10/data-scientist-the-sexiest-job-of-the-21st-century/. Zugegriffen: 18. Juli 2017.

Europäische Kommission. (2014). Feasibility Study on the Use of Mobile Positioning Data for Tourism Statistics, Eurostat. http://ec.europa.eu/eurostat/documents/747990/6225717/MP-Consolidated-report.pdf. Zugegriffen: 24. Juli 2017.

Europäisches Statistisches System. (2014). ESS Big Data Action Plan and Roadmap 1.0, Document for the 22nd Meeting of the European Statistical System Committee. http://ec.europa.eu/eurostat/cros/content/ess-big-data-action-plan-and-roadmap-10. Zugegriffen: 18. Juli 2017.

Kauermann, G. (2017). Data Science als Studiengang. In C. König, J. Schröder, E. Wiegand (Hrsg.), *Big Data – Chancen, Risiken, Entwicklungstendenzen* (S. 87-96). Springer VS, Wiesbaden.

Köhler, S. & Zwick, M. (2017). Statistical education in times of big data. Note by the German Federal Statistical Office for the Conference of European Statisticians. www.unece.org/fileadmin/DAM/stats/documents/ece/ces/2017/CES_26_E_Next_generation.pdf. Zugegriffen: 18. Juli 2017.

Kreuter, F., Keusch, F., Samoilova, E. & Frößinger, K. (2017). International Program in Survey and Data Science. In C. König, J. Schröder, E. Wiegand (Hrsg.), *Big Data – Chancen, Risiken, Entwicklungstendenzen* (S. 27-42). Springer VS, Wiesbaden.

Meersman, F. De et al. (2016). Assessing the Quality of Mobile Phone Data as a Source of Statistics, Q2016 Conference paper, https://ec.europa.eu/

eurostat/cros/system/files/assessing_the_quality_of_mobile_phone_data_as_a_source_of_statistics_q2016.pdf. Zugegriffen: 24. Juli 2017.

Ministry of Economic Affairs (Netherlands). (Hrsg.) (2009). Go with the dataflow! Analysing the Internet as a data source. www.rijksoverheid.nl/binaries/rijksoverheid/documenten/rapporten/2008/05/13/go-with-the-dataflow-main-report/iad-main-report.pdf. Zugegriffen: 18. Juli 2017.

Oostrom, L. et al. (2016). Measuring the internet economy in The Netherlands: a big data analysis. *CBS Discussion Paper 2016|14*. www.cbs.nl/nl-nl/achtergrond/2016/41/measuring-the-internet-economy-in-the-netherlands. Zugegriffen: 25. Juli 2017.

Rat für Informationsinfrastrukturen. (2016). Positionspapier „Leistung aus Vielfalt". www.rfii.de/de/index. Zugegriffen: 18. Juli 2017.

Rengers, M. (2017). Internetbasierte Erfassung offener Stellen im Statistischen Bundesamt. In C. König, J. Schröder, E. Wiegand (Hrsg.), *Big Data – Chancen, Risiken, Entwicklungstendenzen* (S. 61-86). Springer VS, Wiesbaden.

Ridgway, J. (2016). Implications of the Data Revolution for Statistics Education. *International Statistical Review 84*, 3, 528-549.

United Nations Economic Commission for Europe. (2013). Human Resources Management and Training - Compilation of Good Practices in Statistical Offices, www.unece.org/fileadmin/DAM/stats/publications/HRMT_w_cover_resized.pdf. Zugegriffen: 18. Juli 2017.

Wegener, C. (2016). Editorial: Datenschutz und Big Data?!? *Datenschutz Datensicherheit-DuD 40*, 7, 413-413.

Wirthmann, A. (2016). Big Data im Europäischen Statistischen System – Beitrag zur Reaktion des Europäischen Statistischen Systems auf die Big Data Herausforderung. AStA Wirtschafts- und Sozialstatistisches Archiv. doi:10.1007/s11943-016-0195-z.

Zwick, M. (2016a). Big Data und amtliche Statistik. In B. Keller, H.-W. Klein, S. Tuschl (Hrsg.), *Marktforschung der Zukunft – Mensch oder Maschine* (S. 157-172). Springer Verlag, doi 10.1007/978-3-658-14539-2.

Zwick, M. (2016b). Statistikausbildung in Zeiten von Big Data. AStA Wirtschafts- und Sozialstatistisches Archiv. doi:10.1007/s11943-016-0185-1.

Internetbasierte Erfassung offener Stellen im Statistischen Bundesamt

Martina Rengers
Statistisches Bundesamt, Wiesbaden

1 Das ESSnet Projekt Big Data

Im Mai 2015 befürwortete der Ausschuss für das Europäische Statistische System (AESS) die Durchführung eines ESSnet-Projektes für den Themenbereich Big Data, welches im November 2015 von einem Konsortium von 22 Partnern aus 20 verschiedenen Ländern vertraglich vereinbart wurde.

Im Rahmen des ESSnet-Projektes BIG DATA ist Deutschland u.a. an einer Pilotstudie zu Online-Jobportalen aktiv beteiligt. Ziel ist die Gewinnung von Daten über Art und Umfang der offenen Stellen mit Hilfe des sogenannten Web Scraping.

An der Pilotstudie zur internetgestützten Erfassung offener Stellen sind neben Deutschland die Nationalen Statistischen Ämter (NSÄ) aus Griechenland, Italien, Schweden, Slowenien und dem Vereinigten Königreich (Vorsitz) beteiligt. Die erste Projektphase, die vom Februar 2016 bis Juli 2017 lief, behandelt schwerpunktmäßig die Datengewinnung von Online-Jobportalen. Ab August 2017 beginnt die zweite Projektphase, die sich der Nutzung von Stellenangeboten auf Unternehmenswebseiten sowie dem Wissenstransfer widmen soll. An der zweiten Projektphase sind neben den 6 bisherigen Ländern zusätzlich 4 weitere Länder, nämlich Belgien, Dänemark, Frankreich und Portugal beteiligt.

2   Assessment der Jobportale

Eine fundamentale Erkenntnis des Assessments von Jobportalen ist, dass die Situationen für Online-Recruiting in den einzelnen Ländern sehr unterschiedlich sind. Dies betrifft zum einen die Anzahl der vorhandenen Jobportale, welche je nach Land zwischen weniger als 50 und mehr als 1.000 liegt. In Deutschland gibt es sogar mehr als 1.600 Jobportale. Ein anderer wesentlicher Befund ist, dass diesen Portalen sehr unterschiedliche Geschäftsmodelle zugrunde liegen. Hier müssen drei Typen unterschieden werden: Jobbörsen, Jobsuchmaschinen und hybride Jobportale. Jobbörsen haben eigene Stellenanzeigen und für gewöhnlich so genannte Reichweitenpartner, während Jobsuchmaschinen keine eigenen Stellenanzeigen aufweisen, aber per Definition Trefferlistenpartner haben. Hybride Jobportale haben eigene Stellenanzeigen *und* mindestens einen Trefferlistenpartner sowie gegebenenfalls (optional) Reichweitenpartner. Portale mit Trefferlistenpartnern zeigen zusätzlich oder ausschließlich die Stellenanzeigen ihrer Partner an und erhöhen damit ihre Trefferliste der Stellenangebote. Dagegen ermöglicht eine Kooperation mit Reichweitenpartnern dem Portalanbieter die Reichweite seiner eigenen Stellenanzeigen dadurch zu erhöhen, dass sie auch bei den Partner-Jobportalen aufgelistet werden.

Für Deutschland wurde die Analyse des Marktes zunächst mit Hilfe von Internetsuchmaschinen durchgeführt. Dabei fanden sich einige wichtige URLs (Stand Januar 2016) von Anbietern, die (regelmäßig) Bewertungen und Rankings der wichtigsten Jobportale Deutschlands vornehmen. Zu nennen sind hier insbesondere (i) *deutschlandsbestejobportale.de*, (ii) *crosswater-job-guide.com*, (iii) *online-recruiting.net* und (iv) *jobboersen-im-test.de*.

(i) deutschlandsbestejobportale.de

Für die Jahre 2010 bis 2016 findet man auf dieser Webseite jeweils unter der Bezeichnung „Deutschlands Beste Jobportale" Bewertungen mit Rankinglisten von Jobbörsen und Jobsuchmaschinen. Die Initiatoren dieser jährlichen Tests sind ICR, das Institute für Competitive Recruiting (*competitiverecruiting.de*) und CrossPro Research, ein Gemeinschaftsprojekt von Crosswater Systems und PROFILO Rating GmbH (*crosspro-research.com*).

(ii) crosswater-job-guide.com

Die Webseiten *crosswater-job-guide.com* und *crosswater-systems.com* gehören zum Unternehmen Crosswater Systems und bieten nach eigenen Angaben einen Überblick über das Thema eRecruiting mit Jobbörsen, Gehaltsinformationen, Bewerbung, Pressestimmen und Analysen. Für die Tests werden die Kriterien Nutzungshäufigkeit, Zufriedenheit und Ergebnisqualität zugrunde gelegt und für verschiedene Kategorien ausgewertet. Die Studien basieren auf Beurteilungen von Jobsuchenden und Arbeitgebern, die in einem Gesamtranking aufgeteilt nach den Jobportalgattungen „Allgemeine Jobbörsen", „Spezial-Jobbörsen" und „Jobsuchmaschinen" zusammengefasst werden. Zusätzlich werden auf der Unterwebseite *jobbörsen-kompass.de* eigene Bewertungsergebnisse von Crosswater Systems veröffentlicht.

(iii) online-recruiting.net

Online-Recruiting.net ist ein Beratungsunternehmen, das Arbeitgeber bei der Auswahl der Internetmedien für die gezielte Personalsuche berät. Die Webseite enthält viele frei zugängliche Informationen zu Jobportalen und deren Rankings. Darüber hinaus findet man URLs von Jobportalen aus den nachfolgenden 27 Ländern: Australien, Belgien, Bosnien-Herzegowina, Bulgarien, Deutschland, Estland, Frankreich, Großbritannien, Griechenland, Indien, Italien, Japan, Jordanien, Kroatien, Niederlande, Norwegen, Österreich, Polen, Portugal, Rumänien, Russland, Südafrika, Spanien, Schweiz, Tschechien, Ungarn und Zypern.

(iv) jobboersen-im-test.de

Diese Webseite wird von einer Privatperson geführt, die sich zum Ziel gesetzt hat, Licht in die unübersichtliche Welt der Jobportale und des eRecruiting zu bringen. Es werden kostenlose Vergleiche von Jobbörsen in verschiedenen Kategorien angeboten.

Nach Informationen von *deutschlandsbestejobportale.de* gab es 2015 mehr als 1.600 Jobportale für den deutschen Arbeitsmarkt. *Crosswater-job-guide.com* nennt eine Zahl von 1.794 Jobportalen, von denen immerhin 1.088 aktuell aktiv sein sollen. *Jobboersen-im-test.de* listet insgesamt 781 Jobportale und zählt 34 davon zu den Besten. *Online-recruiting.net* hat eine Liste mit

99 Jobportalen, die jedoch nicht vollständig in der gerade genannten 781er Liste enthalten ist. Ähnliches gilt für die 1.088er Crosswater-Liste.

Insgesamt werden unter der Bezeichnung „Jobportale" allgemeine Jobportale, Jobsuchmaschinen, Jobbörsen für Fach- und Führungskräfte, branchenspezifische Jobbörsen, Spezial-Jobbörsen und Jobbörsen für Absolventen, Azubis und Praktikanten zusammengefasst und bewertet. Qualitätstests werden vornehmlich für allgemeine Jobportale durchgeführt, aber auch für bedeutende Spezial-Jobbörsen, wie zum Beispiel im Bereich von Hotel und Gastronomie. Tabelle 1 zeigt 15 ausgewählte allgemeine Jobportale, deren Bedeutung zunächst einmal anhand der Anzahl der ausgewiesenen Stellenanzeigen gemessen wurde.

Neben Name und URL der Jobportale sind Inhaber sowie die Anzahl der Stellenanzeigen angegeben (siehe Spalten B, C und F in Tabelle 1). Spalte D zeigt darüber hinaus, um welche Art von Jobportal es sich handelt. Da bei den 15 untersuchten Jobportalen keine Jobsuchmaschinen dabei sind, erfolgt lediglich eine dichotome Differenzierung zwischen hybriden Jobportalen und reinen Jobbörsen. Diese Einteilung basiert auf dem Geschäftsmodell des Portalbetreibers, über das Spalte E in Tabelle 1 Auskunft gibt. Entscheidend ist, ob und welche Art von Kooperationspartner/n vorhanden ist/sind. Informationen dazu findet man in der Regel auf der Webseite des Portalbetreibers, da die Zusammenarbeit mit bestimmten Kooperationspartnern durchaus als Auszeichnung angesehen werden kann. Wie bereits erwähnt, zeigen Jobportale mit Trefferlistenpartnern zusätzlich (hybrid) oder ausschließlich (reine Jobsuchmaschine) die Stellenanzeigen ihrer Partner an und erhöhen damit ihre Trefferliste der Stellenangebote. Hat der Portalanbieter dagegen eigene Stellenanzeigen, deren Reichweite erhöht werden soll, dann geschieht dies über eine Kooperation mit Reichweitenpartnern. Dadurch werden die eigenen Stellenanzeigen auch bei den Partner-Jobportalen aufgelistet.

Da hybride Jobportale ihre Trefferliste über Kooperationspartner erhöhen, ist die Anzahl der Stellenanzeigen bei diesen Portalen als Indikator zur Beurteilung der Marktrelevanz des Portals alleine nicht ausreichend. Hier stellt sich die Frage, wie viele eigene Stellenanzeigen vorhanden sind und wie viele von anderen Portalen übernommen wurden. Darüber hinaus ist für alle Arten von Jobportalen die Vergleichbarkeit über die Anzahl der Stellenanzeigen nur gegeben, wenn veraltete Stellenanzeigen das Bild nicht verfälschen. Soweit wie möglich, wurden diese beiden Kriterien mit

Hilfe von Web Scraping herausgefiltert und die entsprechenden bereinigten Indikatoren ermittelt. Die Ergebnisse sind in den Spalten G und H der Tabelle 1 zu finden. Im Falle von Gigajob (Zeile 3) stellt sich beispielsweise heraus, dass unter den 531.112 Stellenanzeigen nur 417.229 Anzeigen nicht älter als 30 Tage sind und davon wiederum lediglich 212.157 Stellenanzeigen von Gigajob selbst sind und nicht von anderen Portalanbietern (Stand: Juni 2016). Der Vergleich zwischen den Spalten F und H zeigt, dass sich das Ranking der Jobportale ändert, wenn man den bereinigten Indikator zugrunde legt.

Im Zusammenhang mit den Untersuchungen zur möglichen Erfassung offener Stellen über Internetdaten von Jobportalanbietern ist der Aufbau der Jobportalseite aus inhaltlichen und insbesondere auch aus technischen Gründen entscheidend. Zur Beschreibung einer offenen Stelle sind weitere Merkmale wie Jobtitel, Position, Qualifikationsanforderungen, Arbeitgeberstandort, Wirtschaftszweig, Befristung etc. gewünscht. Die Spalten I und J der Tabelle 1 zeigen die Anzahl der Merkmale zur Stellenbeschreibung, die aus strukturierten Informationen gewonnen werden kann. Strukturierte Informationen sind deshalb besonders wichtig, weil die Verarbeitung unstrukturierter Informationen komplexe Textmining-Technologien erfordert, deren Programmierung sehr zeitaufwändig und fehleranfällig ist. Für die untersuchten 15 allgemeinen Jobportale kann festgestellt werden, dass die allgemeine Trefferliste der Stellenanzeigen in der Regel nicht mehr als 4 stellenbeschreibende Merkmale zur Verfügung stellt (Spalte I), wobei diese fast immer der Jobtitel, das Datum der Stellenanzeige, der Ort und der Name des Arbeitgebers sind. Spalte J zeigt die Anzahl der Merkmale, die aus strukturierten Informationen gewonnen werden können, wenn die Stellenanzeige explizit aufgerufen wird und der gesamte Ausschreibungstext zur Verfügung steht. Erstaunlich ist, dass sich diese Anzahl gegenüber der allgemeinen Stellenanzeigentrefferliste in vielen Fällen verringert oder sogar auf null schrumpft. Dieses Phänomen ist eine Folge des in Deutschland häufig verwendeten firmenspezifischen Corporate Designs von Stellenanzeigen. Aufgrund von unterschiedlichen Formen, Größen und Platzierungen von Firmenfotos und -logos ist der Aufbau der Stellenanzeigen häufig so individuell, dass eine einheitliche Angabe strukturierter Merkmale bei derart verschiedenen Formaten nicht mehr möglich ist.

Tabelle 1　Ranking gemäß Anzahl der Stellenanzeigen: 15 allgemeine Jobportale für Deutschland (Stand: Juni 2016)

	Allgemeine Jobportale				Anzahl der Stellenanzeigen für Deutschland			Anzahl der Merkmale zur Stellenbeschreibung aus strukturierten Informationen	
Ranking gemäß Spalte F	Name des Jobportals	Inhaber des Portals	Art des Jobportals	Partner des Jobportals	insgesamt	nicht älter als 30 Tage	eigene Stellenanzeige UND nicht älter als 30 Tage	verfügbar auf der allgemeinen Trefferliste	nur verfügbar bei Aufruf der Stellenanzeige
			• Jobbörse • hybrid	• Reichweitenpartner für die Stellenanzeige • Trefferlistenpartner für die Stellensuche					
A	B	C	D	E	F	G	H	I	J
1	Jobbörse Bundesagentur für Arbeit (public employment agency) http://jobboerse.arbeitsagentur.de	Bundesagentur für Arbeit (Federal Employment Agency)	hybrid	ungefähr 100 Reichweiten- und Trefferlistenpartner; zusätzlich erfasst ein Job-Roboter Stellenanzeigen von mehr als 400.000 Unternehmenswebseiten	1.083.929	k.A.	k.A.	5	9
2	XING https://www.xing.com/jobs/	XING AG	hybrid	Schnittstelle zur Datenbank der Stellenanzeigen der Bundesagentur für Arbeit (Trefferlistenpartner)	570.797	k.A.	k.A.	4	6

3	Gigajob http://de.gigajob.com/index.html	Netzmarkt Internetservice GmbH & Co. KG	hybrid	16 Trefferlistenpartner (mehrheitlich Jobsuchmaschinen)	531.112	417.229	212,157*	4	4
4	LinkedIn https://de.linkedin.com/job/	LinkedIn Ireland	hybrid	Schnittstelle zur Datenbank der Stellenanzeigen der Bundesagentur für Arbeit (Trefferlistenpartner)	488.098	486.791	k.A.	4	8
5	Meine Stadt.de http://jobs.meinestadt.de/deutschland/stellen	meinestadt.de GmbH	hybrid	Stellenanzeigen von etablierten Unternehmen und unmittelbar von Unternehmenswebseiten => Trefferlistenpartner	466.680	360.086	6.287	4	0
6	Rekruter http://www.rekruter.de/	FM-Studios GbR www.fm-studios.de	hybrid	Schnittstelle zur Datenbank der Stellenanzeigen der Bundesagentur für Arbeit (Trefferlistenpartner)	364.571	k.A.	k.A.	4	5
7	Jobs.de / JobScout24 http://www.jobs.de www.jobscout24.de	CareerBuilder Germany GmbH	hybrid	viele Stellenanzeigen von Personalrekrutern und Zeitarbeitsfirmen; 9 Reichweitenpartner	115.867	115.194	28.618	4	0

Fortsetzung Tabelle 1

Allgemeine Jobportale

A	B	C	D	E	Anzahl der Stellenanzeigen für Deutschland			Anzahl der Merkmale zur Stellenbeschreibung aus strukturierten Informationen	
Ranking gemäß Spalte F	Name des Jobportals	Inhaber des Portals	Art des Jobportals ▪ Jobbörse ▪ hybrid	Partner des Jobportals ▪ Reichweitenpartner für die Stellenanzeige ▪ Trefferlistenpartner für die Stellensuche	insgesamt F	nicht älter als 30 Tage G	eigene Stellenanzeige UND nicht älter als 30 Tage H	verfügbar auf der allgemeinen Trefferliste I	nur verfügbar bei Aufruf der Stellenanzeige J
8	Jobmonitor http://de.jobmonitor.com	Harald Stückler	hybrid	Trefferlistenergebnisse von „Monster" und „youfirm"	105.905	105.905	50.130	4	0-4
9	StepStone https://www.stepstone.de	StepStone Deutschland GmbH	Jobbörse		61.119	60.938	60.938	4	6
10	Jobcluster https://www.jobcluster.de	Jobcluster Deutschland GmbH	hybrid	Kooperationspartner der Bundesagentur für Arbeit (Trefferlistenpartner)	43.741	k.A.	k.A.	6	8
11	Monster http://www.monster.de	Monster Worldwide Deutschland GmbH	Jobbörse	167 Reichweitenpartner	39.213	k.A.	k.A.	4	0

12	JobStairs https://www.jobstairs.de	milch & zucker - Talent Acquisition & Talent Management Company AG	Jobbörse	8 zielgruppenspezifische Partnerschaften 53 Unternehmen; dieses Jobportal firmiert unter dem Label „Top Company Portal"	25.900	k.A.	k.A.	4	0
13	Stellenanzeigen.de http://www.stellenanzeigen.de	stellenanzeigen.de GmbH & Co. KG	Jobbörse	350 Reichweitenpartner; darunter bekannte Meta-Jobsuchmachinen	9.029	9.029	9.029	4	0
14	Süddeutsche Zeitung http://stellenmarkt.sueddeutsche.de	Süddeutscher Verlag	Jobbörse		8.972	8.972	8.972	4	0
15	Kalaydo http://www.kalaydo.de/jobboerse/	Kalaydo GmbH & Co. KG	Jobbörse	Reichweitenpartner: 51 Tageszeitungen und 7 weitere Anzeigenblätter	6.063	5.958	5.958	4	0

* Schätzung auf Basis gescrapter Daten, die erkennbar „eigene" Stellenanzeigen sind. Mehr als zwei Drittel der Stellenanzeigen sind von der Jobbörse der Bundesagentur für Arbeit übernommen (Nr. 1 in Spalte A).

Quelle: Körner et al. 2016, S. 16.

3   Beschaffung der Daten von Jobportalen

Im Hinblick auf die Beschaffung von Daten der Jobportale mit Hilfe des Web Scraping müssen die rechtlichen Rahmenbedingungen geklärt werden. Von Bedeutung sind hierbei zum einen die auf den Webseiten der Jobportale genannten AGBs sowie Rechtsgrundlagen aus den Rechtsdisziplinen des Datenschutz-, Urheber- und des Vertragsrechts (vgl. dazu auch Markl et al. 2013, S. 164 ff. und 256 ff.).

Der Einsatz von Web Scraping wird in den AGBs relativ häufig untersagt, wobei allerdings juristisch nicht eindeutig geklärt ist, ob derartige Passagen in den AGBs hier überhaupt zum Tragen kommen. Unabhängig davon hat das Statistische Bundesamt bereits vor Jahren im Rahmen einer Machbarkeitsstudie zur automatisierten Preiserhebung im Internet überprüft, ob das Recht auf eine geschützte Datenbank verletzt wird. Nach § 87b Urheberrechtsgesetz[1] könnte das Urheberrecht verletzt sein, wenn durch Web Scraping ein wesentlicher Anteil einer Datenbank verwendet wird. Bei der Preiserhebung konnte dies jedoch negiert werden, da „die Stichprobengrößen [..] im Vergleich zur Produktvielfalt der Webseiten klein [sind], sodass hier gemäß Rechtsprechung kein wesentlicher Teil der Datenbank von der Webseite abgerufen wird. Der Abruf eines unwesentlichen Teils der Datenbank kann ebenfalls unrechtmäßig sein, wenn durch die Abfragen insgesamt ein wesentlicher Teil der Datenbank abgerufen wird oder wenn die Auswertung nicht der normalen Nutzung entspricht oder den Betreiber unzumutbar belastet. Auch diese Punkte sind bei der Verwendung von Web Scraping für die Preiserhebung nicht gegeben." (Brunner 2014, S. 261).

In Bezug auf das Web Scraping von Jobportalen besteht deutlich eher die Gefahr, dass eine rechtliche Überprüfung zu einem anderen Urteil führen würde. Für die Untersuchungen dieser Pilotstudie des ESSnet-Projektes Big Data wurde die Beantwortung dieser ungeklärten rechtlichen Fragestellungen jedoch zurückgestellt, um sich zunächst den vielen anderen wichtigen Untersuchungsfragen des Pilotprojektes widmen zu können. Sollten durch Web Scraping von Jobportalen gewonnene Daten allerdings dauerhaft als Input in die Statistikproduktion einfließen, dann ist dringend zu empfeh-

---

1   Gesetz über Urheberrecht und verwandte Schutzrechte (Urheberrechtsgesetz) vom 9. September 1965 (BGBl. I Seite 1273), zuletzt geändert durch Artikel 1 des Gesetzes vom 1. Oktober 2013 (BGBl. I Seite 3728).

len, das Web Scraping nur in Absprache mit dem Inhaber des Jobportals vorzunehmen oder direkt eine vertragliche Datenlieferung zu vereinbaren. Eine solche vertraglich vereinbarte Datenlieferung hätte darüber hinaus den Vorteil, das Risiko von Zeitreihenbrüchen aufgrund fehlender Datenverfügbarkeit zu minimieren und ein anderes technisches Problem zu umgehen, das daraus entsteht, dass die Trefferlistenanzeigen mancher Jobportale auf 1.000 Stellenanzeigen beschränkt sind. In diesem Zusammenhang müssen allerdings zunächst noch folgende Fragen geklärt werden:

1. Wie kann ein Vertrag mit einem Jobportalinhaber aussehen, wenn keine Rechtsgrundlage vorliegt? Kann/darf die amtliche Statistik dem Portalinhaber eine Gegenleistung zur Datenlieferung anbieten?

2. Sind solche Verträge mit dem Verhaltenskodex[2] für europäische Statistiken vereinbar?

3. Welchen Zeitraum sollte die Vertragsdauer umfassen?

4. Wie kann eine Vertragsvereinbarung mit einem bestimmten Portalbetreiber anderen Anbietern gegenüber gerechtfertigt werden? Es ist denkbar, dass eine Kooperation mit der amtlichen Statistik nicht nur als eine Belastung gesehen wird, sondern als positive Bestätigung der eigenen Markrelevanz im Bereich Online-Recruiting.

Im Rahmen der Pilotstudie zur internetgestützten Erfassung offener Stellen ist das Statistische Bundesamt bereits mit der Bundesagentur für Arbeit (BA) in Kontakt getreten, denn diese ist der Inhaber eines der bedeutendsten Jobportale in Deutschland (vgl. Tabelle 1). Im Oktober 2016 wurden in einem eintägigen Workshop bei der Bundesagentur für Arbeit zusammen mit Experten des Instituts für Arbeitsmarkt- und Berufsforschung die Datenquellen der Arbeitskräftenachfrage in Deutschland analysiert und es wurde diskutiert, wie eine Zusammenarbeit mit dem Statistischen Bundesamt für Zwecke der Pilotstudie aussehen kann.

---

2   Siehe Eurostat 2011.

4   Daten zu offenen Stellen bei der Bundesagentur für Arbeit

Offene Stellen, für deren Besetzung Arbeitgeber die öffentliche Arbeitsvermittlung der Bundesagentur für Arbeit nutzen, werden von der Bundesagentur für Arbeit mit der Statistik der gemeldeten Stellen erfasst. Unter offenen Stellen werden dabei alle Stellen verstanden, für die Betriebe die Einstellung einer Person planen und für die sie aktiv nach Kandidaten suchen. Solche Stellen können bereits im Betrieb vorhanden oder neu geschaffen worden sein. Da Betriebe in Deutschland – wie in vielen anderen Ländern auch – nicht gesetzlich verpflichtet sind, ihre offenen Stellen zu melden, bildet die Statistik der gemeldeten Stellen nur einen Teil des gesamtwirtschaftlichen Stellenangebotes ab. Zu diesen zur Vermittlung beauftragten Stellenangeboten liegen detaillierte Informationen zu den Arbeitgebern und zur Stellenbeschreibung (Beruf, Wirtschaftszweig, Region) vor (siehe auch Bundesagentur für Arbeit 2017; Brenzel et al. 2016a).

Zur Erfassung des gesamtwirtschaftlichen Stellenangebotes, das gemeldete und nicht gemeldete Stellen umfasst, gibt es eine Stellenerhebung des Instituts für Arbeitsmarkt- und Berufsforschung (IAB). Das Institut wurde 1967 – mit Sitz in Nürnberg – als Forschungseinrichtung der damaligen Bundesanstalt für Arbeit gegründet und ist seit 2004 eine besondere Dienststelle der Bundesagentur für Arbeit (BA).

Die IAB-Stellenerhebung ist eine freiwillige Befragung und liefert quartalsweise Daten über Anzahl und Struktur der offenen Stellen. Die regelmäßigen Befragungen einer repräsentativen Auswahl von Betrieben und Verwaltungen gibt es seit 1989 in Westdeutschland und seit 1992 auch in Ostdeutschland. Es begann mit jährlichen schriftlichen Befragungen im vierten Quartal, die seit dem Jahr 2006 durch telefonische Kurzinterviews im ersten, zweiten und dritten Quartal ergänzt werden.

Auf europäischer Ebene wurde mit der EU-Verordnung Nr. 453/2008 in Verbindung mit den EU-Verordnungen Nr. 1062/2008 und Nr. 19/2009 (siehe Europäische Union 2008a, 2008b, 2009) eine quartalsweise Statistik offener Stellen eingeführt, die ab dem Jahr 2010 alle Länder zur zeitnahen Lieferung von Quartalsdaten zum Stellenangebot und zur Beschäftigung nach Wirtschaftszweigen und Betriebsgrößenklassen an Eurostat verpflichtete. Da das IAB zu diesem Zeitpunkt bereits langjährige Erfahrungen mit der Betriebsbefragung zu offenen Stellen hatte, wurde die Datenlieferverpflichtung in Deutschland zu seiner Aufgabe. In anderen europäischen Ländern sind die nationalen Statistikämter für die Erstellung der Quartalsdaten verantwortlich. Ausführliche Informationen zur deutschen Stellenerhebung findet man deshalb insbesondere bei Publikationen des IAB, wie zum Beispiel von Brenzel et al. (2016a) und Moczall et al. (2015), aber auch bei den Dokumentationen für Eurostat von Kettner und Vogler-Ludwig (2010). Genau wie in Deutschland ist die Datenquelle der Statistik der offenen Stellen in den meisten Fällen eine Betriebsbefragung, in einigen europäischen Ländern werden aber auch ausschließlich administrative Quellen verwendet.

Die Stellenerhebung in Deutschland ist eine jährlich neu gezogene Stichprobe aus der Grundgesamtheit an Betrieben, die dem aktuell verfügbaren Adressenbestand der Beschäftigtenstatistik der Bundesagentur für Arbeit entspricht. Darin sind alle Betriebe mit mindestens einem sozialversicherungspflichtig Beschäftigten enthalten. Zum Zeitpunkt der Stichprobenziehung ist dieser Adressenbestand in der Regel acht Monate alt. Die Bruttostichprobe umfasst zwischen 75.000 und 83.000 zufällig gezogene Betriebe und Verwaltungen und entspricht einem Auswahlsatz von ca. 3,9% der oben genannten Grundgesamtheit. In den vergangenen Jahren belief sich der endgültige Rücklauf im vierten Quartal jeweils auf 13.000 bis 15.000 auswertbare Fragebögen. Die Rücklaufquote in der schriftlichen Erhebung liegt somit bei 18 bis 20 Prozent. Eine Teilstichprobe von rund 9.000 Befragungsteilnehmern des vierten Quartals wird im jeweils folgenden ersten, zweiten und dritten Quartal um eine Aktualisierung der Angaben zum Stellenangebot und zur Beschäftigung gebeten.

Mit der Durchführung der Umfrage ist das Erhebungsinstitut Economix Research & Consulting mit Sitz in München betraut. Der Fragebogen umfasst sechs Seiten mit den nachfolgenden vier Abschnitten: (1) Hauptfragebogen: Zahl und Struktur der offenen Stellen, (2) Sonderfragenteil zu aktuellen arbeitsmarktpolitischen Themen, (3) Letzter Fall einer erfolgreichen Stellenbesetzung in den letzten zwölf Monaten und (4) Letzter Fall einer abgebrochenen Personalsuche in den letzten zwölf Monaten.

Für die Hochrechnung der IAB-Stellenerhebung wird ein verallgemeinerter Regressionsschätzer (GREG-Schätzer, generalized regression estimation) verwendet. Beim aktuellen Hochrechnungsverfahren, das ab dem vierten Quartal 2015 eingesetzt wird und frühere Ergebnisse rückwirkend bis zum Jahr 2000 revidiert, gibt es *keine* Anpassung an die gemeldeten Stellen der BA-Registerstatistik. In den Jahren davor erfolgte eine solche Anpassung, so dass die Zahl der als gemeldet angegebenen Stellen aus der

IAB-Stellenerhebung und die Zahl der gemeldeten Stellen aus der BA-Registerstatistik verfahrensbedingt identisch waren.

Bei der Betriebsbefragung fließen alle gemeldeten und nicht gemeldeten Stellenangebote ein, für die zum Befragungszeitpunkt aktiv nach Personal gesucht und bei denen der Suchprozess weder abgeschlossen noch abgebrochen wurde. Eine Kalibrierung an die gemeldeten Stellen konnte bei der IAB-Stellenerhebung in früheren Jahren deshalb erfolgen, weil die Betriebe explizit danach gefragt werden, ob die vorhandenen offenen Stellen der Bundesagentur für Arbeit zur Vermittlung gemeldet wurden oder nicht. Die in der Erhebung abgefragte und ohne diese Kalibrierung hochgerechnete Anzahl von gemeldeten offenen Stellen stimmt jedoch nicht mit der Zahl gemeldeter Stellen der BA-Registerstatistik überein. Sie liegt deutlich darunter, weshalb der Verzicht auf die Anpassung an die BA-Registerstatistik zu einem niedrigeren gesamtwirtschaftlichen Stellenangebot führte.

Warum die aus der Stellenerhebung hochgerechnete Anzahl gemeldeter offener Stellen deutlich unterhalb der Zahl gemeldeter Stellen der BA-Registerstatistik liegt, wurde von IAB und BA ausgiebig untersucht und von Brenzel et al. (2016a) dokumentiert. Im Wesentlichen wurden hier (1) Abmeldeverzögerungen und (2) Arbeitnehmerüberlassung als Schlagworte für die Ursachen der Diskrepanzen zwischen beiden Datenquellen genannt: Durch Abmeldeverzögerungen werden gemeldete offene Stellen, die zwischenzeitlich besetzt werden konnten, nicht sofort von einer Abmeldung des Stellenangebotes bei der BA begleitet. Verzögerte Abmeldungen führen in der stichtagsbezogenen Auswertung der Registerstatistik zu einer leichten Überschätzung der Zahl der gemeldeten offenen Stellen und sind eine Folge des Verhaltens der Betriebe, das sicherlich mehr oder weniger branchenübergreifend Gültigkeit besitzt. Ebenfalls zu einer Überschätzung der Registerangaben können Stellenangebote von speziellen Branchen führen. Dies gilt insbesondere für Betriebe der Arbeitnehmerüberlassung, denn deren Suchverhalten ist deutlich von branchenspezifischen Merkmalen gekennzeichnet. Typisch für diese Betriebe ist beispielsweise das Vorhalten eines so genannten Portfolios, einer Adresskartei mit potenziellen Kandidaten aus der insbesondere der Bedarf zur fristgerechten Bedienung von Auftragsspitzen gedeckt wird. „Wenn Betriebe Personal für ihr Portfolio suchen, ohne dass dahinter tatsächlich zu besetzende offene Stellen stehen, kommt es zu einer Überschätzung der Zahl der Stellenangebote, die direkt in ein Beschäftigungsverhältnis münden können. Auch im Falle von Personalsuchen für die Vermittlung an Dritte (Betriebe in anderen Branchen) kommt es zu einer Überschätzung der tatsächlich existierenden Stellenangebote im Bereich der Arbeitnehmerüberlassung" (Brenzel et al. 2016a, S. 48)."

Unabhängig von diesen methodischen Erfassungsproblemen kann jedoch generell nicht vom Bestand der gemeldeten Stellen auf den Bestand des gesamten Stellenangebots geschlossen werden, denn die so genannte Meldequote, also der Anteil der gemeldeten Stellen an allen offenen Stellen schwankt im Zeitverlauf und zwischen Wirtschaftszweigen teilweise erheblich. Ermittelt man die Meldequote vollständig aus den Ergebnissen der IAB-Stellenerhebung, so liegt sie im Durchschnitt bei 44,6 Prozent.[3]

Abbildung 1 zeigt alle bisher genannten Datenquellen der Bundesagentur für Arbeit mit Angaben zur Größenordnung der Arbeitskräftenachfrage. Nach Angaben der IAB-Stellenerhebung, deren Ergebnisse unter http://www.iab.de/de/befragungen/stellenangebot.aspx abgerufen werden können, gab es im ersten Quartal 2017 1,064 Millionen offene Stellen. Das bereits in Kapitel 2 erwähnte Jobportal der Bundesagentur für Arbeit zeigte zum 19. Juni 2017 unter https://jobboerse.arbeitsagentur.de 1,364 Million Stellenangebote, während die Registerstatistik der offenen Stellen zum genannten Abrufdatum auf 714.000 gemeldete Stellen kam (https://statistik.arbeitsagentur.de/).

---

3   5-Jahresdurchschnitt der Quartalsergebnisse bis zum dritten Quartal 2015.

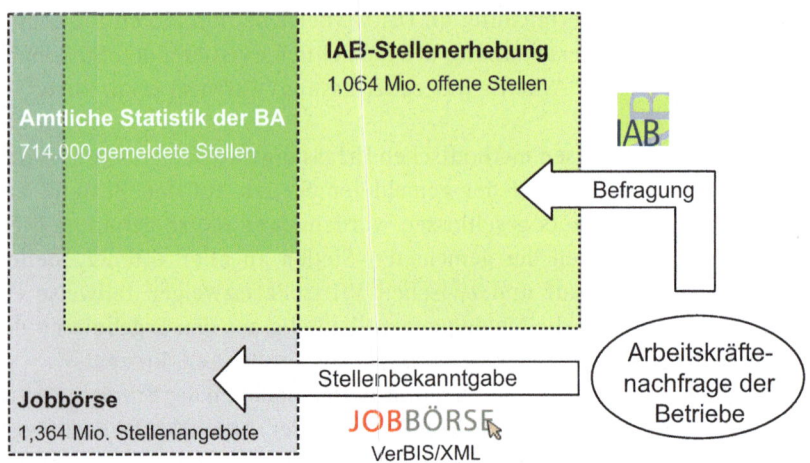

Quelle: Darstellung in Anlehnung an Präsentationen der Bundesagentur für Arbeit.

Abbildung 1   Datenquellen der Bundesagentur für Arbeit mit Ergebnissen zu offenen Stellen (Juni 2017 bzw. erstes Quartal 2017)

5 Erste Ergebnisse zur Datenqualität von Jobportalen

5.1 Dublettenprüfung

In einem explorativen Ansatz wurden Daten der Jobportale Gigajob (hybrid)
und Stepstone (reine Jobbörse) auf Dubletten untersucht. Dazu wurden von
beiden Portalen aus der Gesamtheit der Stellenanzeigen stichprobenartig
jeweils alle Stellenanzeigen der Baubranche und des IT-Sektors herausge-
scraped. Im Juli 2016 hat man damit bei Stepstone einen Datenbestand von
1.716 Stellenangeboten für die Baubranche und 7.150 Stellenangeboten im
IT-Sektor erhalten. Im Vergleich zur reinen Jobbörse Stepstone, fiel für den
Hybrid Gigajob die Anzahl der Stellenangebote entsprechend höher aus:
12.678 (Bau) und 49.824 (IT).

Die Dublettenprüfung erfolgte sodann sowohl innerhalb eines jeden Portals als auch portalübergreifend. Erwartungsgemäß waren innerhalb der
Stepstone-Stellenanzeigen praktisch keine Dubletten zu finden. Anders sah
das Bild bei Gigajob aus. Hier zeigte sich eine hohe Anzahl gleicher Stellen-

anzeigen aus verschiedenen Börsen, das heißt, dass die Gigajob-Prozeduren zur Deduplizierung der eigenen Trefferlistenanzeige anscheinend nicht von hoher Qualität sind.

Die anschließende explorative Analyse zeigte, dass eine automatisierte maschinelle Dublettenprüfung unter Verwendung der strukturierten Informationen der Stellenanzeigen-Trefferliste nicht möglich ist. Selbst bei explizitem Aufruf der vollständigen Stellenanzeige blieb häufig unklar, ob es sich um eine Dublette handelt oder nicht. Diese Probleme gelten insbesondere für die Identifizierung von Dubletten innerhalb eines hybriden Jobportals. Zur Reduzierung des Dublettenproblems ist es deshalb empfehlenswert, bei Einbeziehung von hybriden Jobportalen als Datenquelle zur internetbasierten Erfassung offener Stellen nur deren „eigene" Anzeigen herauszuscrapen.

5.2 Vergleich der Daten von Jobportalen mit den Ergebnissen der Stellenerhebung

Für einen Vergleich der Daten von Jobportalen mit den Ergebnissen der IAB-Stellenerhebung wurden gescrapte Daten von Stepstone verwendet, da dies die größte reine Jobbörse in Deutschland ist und ungewöhnlicher Weise auch strukturierte Informationen zu den Branchen der Stellenangebote aufweist. Im Gegensatz zu den früheren Untersuchungen zur Dublettenprüfung gab es nun keine Beschränkung auf Stellenanzeigen bestimmter Branchen, sondern eine vollständige Erfassung aller Stellenanzeigen zum Stichtag 07.09.2016. Gescrapt wurde in einem ersten Durchlauf für alle bei Stepstone wählbaren Branchenfilter und in einem zweiten Durchlauf ohne Setzung irgendwelcher Suchfilter. Dieses Vorgehen war möglich, da Stepstone keine Beschränkung der angezeigten Stellenangebote hat. Allerdings unterscheidet sich die Summe der bestimmten Branchen zugeordneten Stellenanzeigen von der Gesamtzahl der Stellenanzeigen, die ohne Setzung eines Branchenfilters ausgewiesen werden. Wie Tabelle 2 zeigt, sind von den 61.565 Stellenanzeigen nur noch 55.581 Stellenangebote in den einzelnen Branchen zu finden. Somit gehen fast 10% der Stellenangebote durch einen Scraping-Vorgang mit Branchenfiltersetzung verloren, wobei unklar ist, ob es sich hier um ein technisches Problem handelt oder ob es an einer unvollständigen Branchen-Zuordnung in der Stepstone-Datenbank liegt. Gleichzeitig kommt es bei einem branchenspezifischen Scraping-Vorgang zu Dubletten, weil Stepstone-Stellenanzeigen zum Teil mehreren Branchen zugeordnet sind.

Tabelle 2 zeigt darüber hinaus veröffentlichte Ergebnisse aus der IAB-Stellenerhebung für das erste Quartal 2016, die nach Wirtschaftszweigen (WZ 2008) in 11 Bereiche differenziert sind. Die entsprechende Zuordnung der Stepstone-Stellenanzeigen wurde hier zwar vorgenommen, war aber nur schwer möglich und ist nicht eindeutig. Ursächlich dafür sind die unterschiedlichen Terminologien bei den Stepstone-Branchenbezeichnungen und den Wirtschaftszweigklassifikationen der WZ 2008. Problematisch ist außerdem, dass sich Stepstone-Branchenbezeichnungen im Zeitablauf teilweise verändern (so wurde beispielsweise „Nahrungs- & Genussmittel" zu „Konsumgüter").

Bei Vernachlässigung dieser Klassifizierungsprobleme und Vernachlässigung der verschiedenen Referenzperioden beider Datenquellen weist Tabelle 2 dennoch darauf hin, dass es bei der Abbildung der offenen Stellen nach Wirtschaftszweigen deutliche Strukturunterschiede zwischen der Stellenerhebung und der Jobbörse Stepstone gibt. Deutliche Abweichungen gibt es unter anderem im Abschnitt C Verarbeitendes Gewerbe und im Abschnitt J Information und Kommunikation. So kommen 15% der Stellenanzeigen Stepstones aus der Informations- und Kommunikationsbranche, während diese bei der IAB-Stellenerhebung nur 3,6% des gesamten Stellenangebotes ausmachen.

Inwieweit dieses Ergebnis repräsentativ für den Stellenmarkt der Jobportale ist, bleibt zunächst unklar. Es konnte jedoch zumindest eine Zeitstabilität für die untersuchte Jobbörse Stepstone festgestellt werden, denn spätere Scraping-Stichtage haben die abgebildete Struktur bestätigt.

Tabelle 2   Strukturvergleich Stepstone versus IAB-Stellenerhebung

lfd. Nr.	Abschnitt	Wirtschaftszweig (WZ 2008)	IAB- Stellenerhebung 2016q1 absolut	%	Jobbörse Stepstone (07.09.2016) absolut	%
1	A	Land- und Forstwirtschaft	12.700	1,3	-	-
2	B, D, E	Bergbau/Energie/Wasser/Abfall	6.100	0,6	1.164	2,1
3	C	Verarbeitendes Gewerbe	107.900	10,9	15.433	27,8
4	F	Baugewerbe	94.400	9,5	1.689	3,0
5	G	Handel und KFZ-Reparatur	107.100	10,8	4.045	7,3
6	H	Verkehr und Lagerei	54.100	5,5	1.973	3,5
7	J	Information und Kommunikation	35.300	3,6	8.333	15,0
8	K	Finanz- und Versicherungs- dienstleistungen	17.600	1,8	3.809	6,9
9	L, M, N	Unternehmensnahe Dienstleistungen	260.800	26,4	6.461	11,6
10	I, P, Q, R, S	Sonstige Dienstleistungen	272.200	27,5	7.864	14,1
11	O	Öffentliche Verwaltung/ Sozialversicherung	20.500	2,1	-	-
		Sonstige Branchen	-	-	4.810	8,7
12		Deutschland	988.700	100,00	55.581	100,00
					61.565*	

*Suchergebnis ohne Anwendung der Branchenbezeichnungen

Quelle: Eigene Darstellung.

5.3   Das Unternehmensregister in Deutschland

In der Europäischen Union sind die Mitgliedstaaten gemäß EU-Verordnung Nr. 177/2008 (Europäische Union 2008c) verpflichtet, für statistische Zwecke bestimmte Informationen in Unternehmensregistern zu erfassen. In Deutschland sind das Bundesstatistikgesetz, das Statistikregistergesetz und das Verwaltungsdatenverwendungsgesetz wichtige nationale Rechtsgrundlagen für die Erschaffung und Pflege eines solchen Unternehmensregisters.[4]

Das Unternehmensregister (Abkürzung UR oder URS) ist eine laufend aktualisierte Datenbank, die unternehmensrelevante Merkmale und administrative Daten zu steuerbaren Umsätzen und sozialversicherungspflichtig

---

4   Nähere Informationen findet man im Qualitätsbericht zum Unternehmensregister-System (Statistisches Bundesamt 2017).

Beschäftigten enthält. Statistische Einheiten sind Unternehmen und Betriebe (örtliche Einheiten). Informationen über die Zugehörigkeit eines Unternehmens zu einer Unternehmensgruppe sind ebenfalls enthalten.

Die beiden wichtigsten Datenquellen des deutschen Unternehmensregisters sind zum einen monatliche Daten der Beschäftigungsstatistik der Bundesagentur für Arbeit und zum anderen Daten der Finanzverwaltungen. Neben den monatlichen Umsatzsteuerdateien (Voranmeldung) von Oberfinanzdirektionen sind hier jährliche Organschaftsdateien des Bundeszentralamts für Steuern zu nennen. Zusätzliche Datenquellen sind Daten der Handwerkskammern, Informationen aus dem Handelsregister (Jahresdaten), Daten von kommerziellen Anbietern für die Aktualisierung von Angaben zu Unternehmensgruppen, Daten aus dem EuroGroups Register (EGR) und Informationen aus verschiedenen Umfragen.

Zur Überprüfung und gegebenenfalls Verbesserung der Datenqualität der Stellenangebotsbeschreibungen von Jobportalen könnte eine Verknüpfung mit dem Unternehmensregister hilfreich sein. Durch ein solches Daten-Matching könnten fehlende Informationen zur Charakterisierung der Arbeitgeber – wie zum Beispiel die Wirtschaftszweigklassifikation – aus dem URS ergänzt werden.

In der Vergangenheit hat es mehrere Studien zu den Möglichkeiten von Einzeldatenverknüpfungen im Bereich der Unternehmensstatistiken gegeben. In der jüngsten Studie wurden Einzeldaten der Strukturstatistiken (einschließlich Unternehmensdemografie, Inward-FATS und IKT-Erhebung) untereinander und mit dem Unternehmensregister auf Basis der so genannten URS-ID verknüpft (siehe Jung und Käuser 2016). Die URS-ID ist eine Identifikationsnummer für jede rechtliche Unternehmenseinheit. Mit Hilfe dieses Identifikators konnte man eine Verknüpfungsquote von rund 99% erreichen. Diese hohe Verknüpfungsquote kommt jedoch deshalb zustande, weil das Unternehmensregister gleichzeitig als Auswahlgrundlage für die Stichprobenziehung der Strukturstatistiken dient.

An dieser Stelle sei nochmal daran erinnert, dass auch die Stichprobenziehung der IAB-Stellenerhebung auf dem aktuell verfügbaren Adressenbestand der Beschäftigtenstatistik der Bundesagentur für Arbeit (BA) basiert, welcher alle Betriebe mit mindestens einem sozialversicherungspflichtig Beschäftigten enthält. Der BA-Adressenbestand ist also auf der einen Seite eine der Hauptdatenquellen des Unternehmensregisters und auf der anderen Seite die Basis der Stichprobenziehung der Stellenerhebung. Folglich können die statistischen Einheiten der IAB-Stellenerhebung mehr oder weniger als Unterstichprobe des Unternehmensregisters angesehen werden. Für die Daten von Jobportalen gilt dies jedoch nicht. Ein Daten-Matching mit dem URS gestaltet sich in diesem Fall deutlich schwieriger und der Erfolg hängt davon ab, wie gut die statistischen Einheiten *ohne* die URS-ID identifiziert und verknüpft werden können. Hier stellt sich die Frage, ob ein qualitativ hochwertiges Matching auf Basis der wenigen verfügbaren strukturellen (Arbeitgeber-)Informationen bei den Jobportaldaten überhaupt machbar ist. Es besteht somit weiterer Forschungsbedarf im Hinblick auf die Höhe der realisierbaren Verknüpfungsquote zwischen den Daten von Jobportalen und dem Unternehmensregister.

6   Rekrutierungswege potentieller Arbeitgeber

Für Deutschland gibt es einige Untersuchungen zur Bedeutung der verschiedenen Rekrutierungswege bei der Personalsuche und -gewinnung. Im Jahr 2015 gab es zusammen mit der Betriebsbefragung der IAB-Stellenerhebung ein Zusatzmodul, in dem die Personalverantwortlichen der Betriebe gefragt wurden, welche Rekrutierungswege sie nutzen, um geeignete Kandidaten für offene Stellen zu finden (siehe im Einzelnen Brenzel et al. 2016b).

Nach Angaben des Zusatzmoduls der IAB-Stellenerhebung war im Jahr 2015 der am häufigsten genutzte Suchweg der Betriebe mit 52% das Stellenangebot auf der eigenen Webseite. Nur knapp dahinter lag mit 50% der Suchweg über persönliche Kontakte und Empfehlungen der eigenen Mitarbeiter. Online-Jobportale kamen mit 41% nur auf Platz 4 der Suchwege. Zu einem deutlich anderen Ergebnis kommt die Studie „Recruiting Trends 2015", eine empirische Untersuchung mit den Top-1.000-Unternehmen aus Deutschland (siehe Weitzel et al. 2015). Gemäß dieser Untersuchung nimmt die eigene Unternehmenswebseite mit 90% eine Spitzenposition im Rekrutierungsprozess der 1.000 größten Unternehmen ein. Auf Platz zwei folgt die Personalsuche über Online-Jobportale, über die 70% der Personalsuchen erfolgen. Abbildung 2 zeigt eine grafische Gegenüberstellung der Ergebnisse beider Studien.

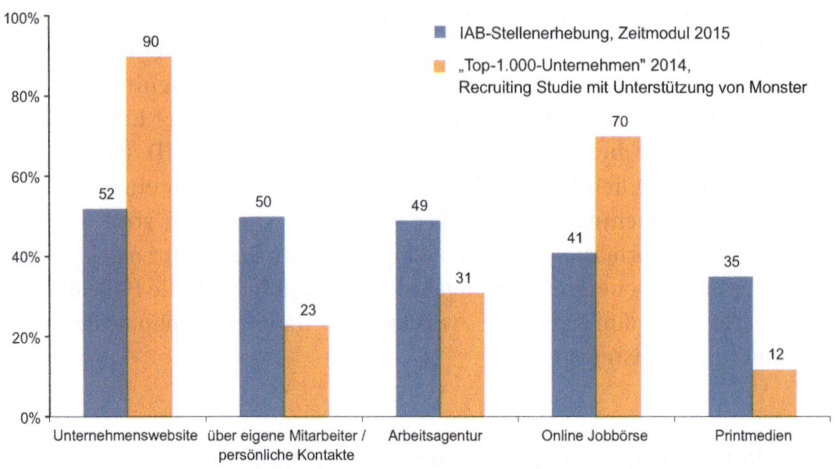

Quelle: Eigene Darstellung auf Basis der Angaben bei Weitzel et al. (2015) und Brenzel et al. (2016).

Abbildung 2   Rekrutierungswege deutscher Unternehmen

7   Zusammenfassung und Ausblick

Die unterschiedlichen Geschäftsmodelle der Jobportale führen dazu, dass es nicht nur bei der Nutzung *mehrerer* verschiedener Jobportalseiten sondern bereits bei der Nutzung nur *einer* Portalseite zu Stellenanzeigen-Dubletten kommen kann. Die Dublettenprüfung und -eliminierung spielen deshalb eine zentrale Rolle im Datenerfassungs- und Datenaufbereitungsprozess. Die zuverlässige Identifikation von Dubletten und von Stellenanzeigen, mit denen mehrere Stellen angeboten werden, sowie die Nutzung der bei den Online-Jobbörsen vorhandenen strukturierten Informationen (z.B. zu Region, Beruf und Wirtschaftszweig) für statistische Zwecke sind entscheidende Faktoren für die Qualität der gewonnenen Daten.

Die Stellenanzeigen der Portale sind in Deutschland allerdings nicht standardisiert, da die Layouts der Stellenanzeigen häufig im firmenspezifischen Corporate Design des Arbeitgebers erscheinen. Dies allein erhöht den Programmieraufwand für ein Web Scraping von Jobportalen erheblich.

Gleichzeitig ist dabei die Möglichkeit der Ausschöpfung strukturierter Informationen relativ gering, denn die Trefferlistenanzeigen der Jobportale haben im Durchschnitt nicht mehr als 4 - 6 Merkmale in strukturierter Form vorliegen. Fast immer vorhanden sind dabei Angaben über Jobtitel, Arbeitgeber, Arbeitsort und Datum der Stellenanzeige. Eine geeignete Zuordnung dieser Informationen z.b. in Systeme der Berufs- und Wirtschaftszweigklassifikationen wird allerdings durch uneinheitlich verwendete Begrifflichkeiten und/oder multilingual bedingte Mehrdeutigkeiten deutlich erschwert.

Die Qualität der Daten und die Wirtschaftlichkeit der internetbasierten Erfassung offener Stellen hängt entscheidend von der effizienten und effektiven Lösbarkeit dieser Aufgaben ab. Dies gilt insbesondere auch für die übergeordnete und sehr komplexe Aufgabe der Analyse des Online-Recruiting-Marktes. In großen Ländern wie dem Vereinigten Königreich und Deutschland ist die Anzahl der Jobportale zu groß und dynamisch, um sich einen umfassenden Überblick zu machen. Die Schnelllebigkeit in der Branche der Jobportalanbieter und die Vielzahl der Anbieter macht ein Assessment der Jobportale nahezu unmöglich. Es ist jedoch wichtig, ein Verständnis über die Geschwindigkeit und die Dynamik der Jobportalumgebung zu haben, da Änderungen in der Recruitingwelt wiederum Änderungen in der Auswahl der Jobportale oder Anpassungen in den für Web Scraping und Datenverarbeitung gewählten Ansätzen erfordern können.

Die bisherigen Untersuchungen deuten zumindest bei den größeren am Projekt beteiligten Staaten darauf hin, dass die Nutzung der Daten von Online-Jobportalen für Zwecke der statistischen Berichterstattung wesentlich schwieriger und aufwändiger ist als ursprünglich angenommen. Die größten Schwierigkeiten betreffen zunächst das äußerst heterogene und sich sehr dynamisch entwickelnde Angebot an Online-Jobbörsen. Es folgen ungeklärte rechtliche Fragen und technische Problemstellungen. Die Dublettenprüfung und das Matching der gescrapten Daten mit anderen Datenquellen sind dabei nur zwei große einer Vielzahl von Herausforderungen.

Dennoch, auch wenn der Big-Data-Hype auf den zweiten Blick weniger euphorisch erscheint, so ist mit ihm ein Prozess gestartet, der nicht aufzuhalten ist und es erforderlich macht, die amtliche Statistik dahingehend zu rüsten, die enorme Flut digitaler Informationen kritisch zu reflektieren und gegebenenfalls nutzbar zu machen. Dies erfordert zwingend eine Öffnung des Bewusstseins und eine Auseinandersetzung mit verschiedenen (dem traditionellen Statistiker häufig unbekannten) Big-Data-Technologien. Erforderlich ist die Wissensaneignung über die Funktionsweise von Algorithmen und über Technologien wie Web Scraping, Pattern Recognition, Machine Learning oder Text Mining, die zukünftiges methodisches Handwerkszeug sind, das zur Erfassung und Analyse oder aber zumindest für die Beurteilung von potenziellen Big Data-Datenquellen erforderlich ist.

Literatur

Brenzel, H. et al. (2016a). Revision der IAB-Stellenerhebung – Hintergründe, Methode und Ergebnisse, *IAB-Forschungsbericht 4/2016*, Nürnberg. http://doku.iab.de/forschungsbericht/2016/fb0416_en.pdf. Zugegriffen: 28. Juli 2017.

Brenzel, H. et al. (2016b). Neueinstellungen im Jahr 2015 – Stellen werden häufig über persönliche Kontakte besetzt. *IAB-Kurzbericht 4/2016*, Nürnberg.

Brunner, K. (2014). Automatisierte Preiserhebung im Internet. *Wirtschaft und Statistik (WiSta) 4/2014*, 258 ff., Statistisches Bundesamt, Wiesbaden

Bundesagentur für Arbeit. (2017). Statistik der gemeldeten Arbeitsstellen. Qualitätsbericht. Nürnberg. https://statistik.arbeitsagentur.de/Statischer-Content/Grundlagen/Qualitaetsberichte/Generische-Publikationen/Qualitaetsbericht-Statistik-gemeldete-Arbeitsstellen.pdf. Zugegriffen: 28. Juli 2017.

Bundesagentur für Arbeit. (2014). Statistik der gemeldeten Arbeitsstellen – Berücksichtigung von Stellen aus dem automatisiertem BA-Kooperationsverfahren, Methodenbericht. Nürnberg. https://statistik.arbeitsagentur.de/Statischer-Content/Grundlagen/Methodenberichte/Arbeitsmarktstatistik/Generische-Publikationen/Methodenbericht-Beruecksichtigung-von-Stellen-aus-dem-automatisierten-BA-Kooperationsverfahren.pdf. Zugegriffen: 28. Juli 2017.

Eurostat. (2011). European Statistics Code of Practice, Luxembourg 2011.

Europäische Union. (2009). Verordnung (EG) Nr. 19/2009 der Kommission vom 13. Januar 2009 zur Durchführung der Verordnung (EG) Nr. 453/2008 des Europäischen Parlaments und des Rates über die vierteljährliche Statistik der offenen Stellen in der Gemeinschaft im Hinblick auf die Definition des Begriffs der offenen Stelle, die Messzeitpunkte für die Datenerhebung, die Spezifikationen für die Datenübermittlung und die Durchführbarkeitsstudien. Amtsblatt der Europäischen Union 14.1.2009, L 9/3.

Europäische Union. (2008a). Verordnung (EG) Nr. 453/2008 des europäischen Parlaments und des Rates vom 23. April 2008 über die vierteljährliche Statistik der offenen Stellen in der Gemeinschaft. Amtsblatt der Europäischen Union 4.6.2008, L 145/234.

Europäische Union. (2008b). Verordnung (EG) Nr. 1062/2008 der Kommission vom 28. Oktober 2008 zur Durchführung der Verordnung (EG) Nr. 453/2008 des Europäischen Parlaments und des Rates über die vierteljährliche Statistik der offenen Stellen in der Gemeinschaft im Hinblick auf Saisonbereinigungsverfahren und Qualitätsberichte. Amtsblatt der Europäischen Union 29.10.2008, L 285/3.

Europäische Union. (2008c). Verordnung (EG) Nr. 177/2008 des Europäischen Parlaments und des Rates vom 20. Februar 2008 zur Schaffung eines gemeinsamen Rahmens für Unternehmensregister für statistische Zwecke und zur Aufhebung der Verordnung (EWG) Nr. 2186/93 des Rates. Amtsblatt der Europäischen Union 5.3.2008 L 61/6.

Europäische Union. (1993). Verordnung (EWG) Nr. 696/93 des Rates vom 15 . März 1993 betreffend die statistischen Einheiten für die Beobachtung und Analyse der Wirtschaft in der Gemeinschaft. Amtsblatt der Europäischen Union 30.3.93 Nr. L 76/1.

Jung, S. & Käuser, S. (2016). Herausforderungen und Potenziale der Einzeldatenverknüpfung in der Unternehmensstatistik. *Wirtschaft und Statistik (WiSta) 2/2016*, 95 ff.

Kettner. A. & Vogler-Ludwig. K. (2010). The German Job Vacancy Survey: An Overview. In *1st and 2nd International Workshops on Methodologies for Job Vacancy Statistics. Proceedings* (S. 7-17). http://ec.europa.eu/eurostat/documents/3888793/5847769/KS-RA-10-027-EN.PDF/87d9c80c-f774-4659-87b4-ca76fcd5884d. Zugegriffen: 28. Juli 2017.

Körner, T., Rengers, M. et al. (2016). Inventory and qualitative assessment of job portals. Deliverable 1.1. Work Package 1 Web scraping / Job vacancies of the ESSnet on Big Data. https://webgate.ec.europa.eu/fpfis/mwikis/essnetbigdata/index.php/File:Deliverable_1_1_draft_v5.docx. Zugegriffen: 28. Juli 2017.

Markl, V., Hoeren, Th. & Krcmar, H. et al. (2013). Innovationspotential-analyse für die neuen Technologien für das Verwalten und Analy-sieren von großen Datenmengen (Big Data Management), Studie im Auftrag des BMWi. http://www.dima.tu-berlin.de/fileadmin/fg131/ Publikation/BDM_Studie/StudieBiDaMa-online-v2.pdf. Zugegriffen: 28. Juli 2017.

Moczall. A. et al. (2015). IAB-Stellenerhebung – Betriebsbefragung zu Stel-lenangebot und Besetzungsprozessen, Wellen 2000 bis 2013 und Fol-gequartale ab 2006. Nürnberg. http://doku.iab.de/fdz/reporte/2015/ DR_04-15.pdf. Zugegriffen: 28. Juli 2017.

Statistisches Bundesamt. (2017). Unternehmensregister-System. Qualitäts-bericht erschienen am 31.05.2017, Wiesbaden.

Weitzel, T. et al. (2015). Recruiting Trends 2015 – Eine empirische Unter-suchung mit den Top-1.000-Unternehmen aus Deutschland sowie den Top-300-Unternehmen aus den Branchen Finanzdienstleistung, Health Care und IT. http://www.uni-bamberg.de/fileadmin/uni/fakul-taeten/wiai_lehrstuehle/isdl/Recruiting_Trends_2015.pdf. Zugegriffen: 28. Juli 2017.

Data Science als Studiengang

Göran Kauermann
Ludwig-Maximilians-Universität München

Abstract

Mit dem Beginn des Informationszeitalters und den aktuellen Big Data-Herausforderungen in Wirtschaft, Industrie, Wissenschaft und Gesellschaft ist die Nachfrage nach qualifiziert ausgebildeten *Data Scientists* rapide gestiegen. Viele Universitäten haben auf die Nachfrage inzwischen reagiert und bieten neue Studiengänge im Bereich Data Science an. In den nachfolgenden Ausführungen unterstützen wir diese Aktivitäten und motivieren Data Science als Kombination aus Statistik und Informatik. Exemplarisch stellen wir den neuen Elitestudiengang Data Science an der LMU München vor.

1   Data Science als neues wissenschaftliches Gebiet

Das Gebiet Data Science ist nicht eindeutig formuliert. Aus Statistiker-Sicht greift man bei der Definition von Data Science gerne auf die wegweisende und inspirierende Arbeit von Cleveland (2001) zurück. Schon der Titel dieses Aufsatzes gibt die Marschrichtung vor: *Data Science: An Action Plan for Expanding the Technical Areas of the Field of Statistics*. Konkret geht es um die Erweiterung der Statistik hin zur Informatik, aber auch umgekehrt. Cleveland schreibt: *The benefit to the data analyst has been limited, because the knowledge among computer scientists about how to (...) approach the analysis of data is limited, just as the knowledge of computing environments by statisticians is limited. A merger of the knowledge bases would produce a powerful force for innovation.* Diese geforderte Verbindung aus Statistik und Informatik liefert aus unserer Sicht das Fundament für Data Science (siehe auch Kauermann und Küchenhoff 2016). In ähnlicher Form wie Cleveland formuliert es auch Breiman (2001), der Datenanalysten in zwei Kulturen einteilt, die „generative modelling"- und die „predictive modelling"-Anhänger. In vereinfachter Form kann man dies übertragen auf die konkrete Frage, welche mit Hilfe einer Datenanalyse verfolgt werden soll: „What's going on?" oder „What happens next?" Während die erste Frage in den meisten Fällen mit statistischen Modellen besser gelöst werden kann, sind es im zweiten Fall eher Instrumente des maschinellen Lernens, welche die besseren Antworten bei Prädiktion geben. Ein Data Scientist muss dabei beide Sichtweisen beherrschen. Er ist in gewisser Weise ein Zwitter, der beide von Breiman angesprochenen Kulturen in einer Person vereint. Neuere Definitionen von Data Science gehen in eine ähnliche Richtung. So wird Mike Driscoll (CEO Metamarket) folgendes Zitat im Netz zugeschrieben: *Data Science is a blend of Red-Bull-fuelled hacking and espresso-inspired statistics.* Data Science ist also weder Statistik noch Informatik, sondern die Symbiose aus statistischer und informatischer Datenanalyse.

Data Science ist dabei immer von Anwendungen getrieben, „use cases" wie es im entsprechenden Jargon heißt. Insofern ist Data Science der Schnitt (oder zum Teil auch die Vereinigungsmenge, je nach Sichtweise) aus Statistik, Informatik und Anwendungen. Dies ist in Abbildung 1 dargestellt. Anwendungen sind zentral, was nicht heißt, dass Data Science reine Anwendung ist und damit wohl weniger Wissenschaft (Science) als Werkzeug (Tool) wäre. Um aus Cleveland's Aufsatz nochmals zu zitieren: *Data science should be judged by the extent to which they enable the analyst to learn from data. (...) Tools that are used by the data analyst are of direct benefit. Theories that serve as a basis for developing tools are of indirect benefit.* Insofern bedient sich Data Science auch Theorien und treibt in gleicher Weise die Entwicklung von Theorien voran. Somit muss klar konstatiert werden, dass Data Science tatsächlich eine Wissenschaft, also Science ist.

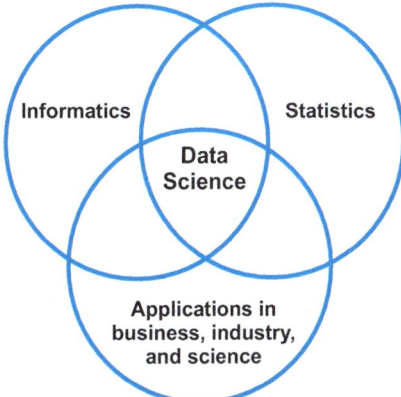

Abbildung 1   Data Science als Schnittmenge aus Statistik, Informatik und konkreten Anwendungsfragen.

2   Data Science und Big Data

Data Science ist unweigerlich mit Big Data verbunden. Beide Begriffe werden oftmals fast in einem Atemzug genannt. Doch während Big Data die fundamentale Errungenschaft der Digitalisierung bezeichnet, dass heute fast alles gemessen und/oder protokolliert werden kann und damit Massen von Daten bereit stehen, beschreibt Data Science den Weg, um aus all den Daten durch gezielte Analysen Information zu ziehen. Big Data werden dabei üblicherweise durch die 4 Vs beschrieben, nämlich *Volume, Velocity, Variety* und *Veracity*. Heute scheint der Begriff Big Data ein wenig zu einem Hype mutiert zu sein. Diese Vermutung mag durch eine rein visuelle Analyse bestätigt werden, die sich selber den Mitteln von Big Data bedient. In Abbildung 2 ist die Nachfragefrequenz bei google nach dem Begriff „Big Data" über die Zeit wiedergegeben (Zugriff am 9. Mai 2017). Nach einem steilen Start im Jahr 2011 hat die Nachfragefrequenz inzwischen ein Plateau erreicht und steigt nicht mehr an, oder zumindest nur noch sehr schwach. Betrachtet man parallel dazu den von Gartner eingeführten „hype cycle" (www.gartner.com), wie er in Abbildung 3 gezeigt ist, und skaliert man die Amplitude gedanklich auf ein geringeres Niveau, so gibt dies Anlass zu der Vermutung, dass in Bezug auf Big Data der „Peak of inflated expectations" inzwischen erreicht ist, zumindest aber kurz bevor steht. Das heißt nicht, dass Big Data beendet ist, wohl aber zeigt sich, dass Big Data per se ein Hype zu sein scheint und es nun gilt, diesen Hype sinnvoll und zielgerichtet aus- zuleben. Hier kommt Data Science ins Spiel und ein Vergleich am Interesse der beiden Begriffe „Big Data" und „Data Science" auf google, wie in Abbil- dung 4 gezeigt, spiegelt dies wieder. Data Science ist somit durch Big Data hervorgebracht worden. Diese Sichtweise lässt Cleveland's Aufsatz von vor über 15 Jahren fast visionär erscheinen. Umso mehr sollte der *Action Plan*, den Cleveland propagiert hat, nun umgesetzt werden. Genau dies geschieht derzeit mit der Einführung von Studiengängen im Bereich Data Science.

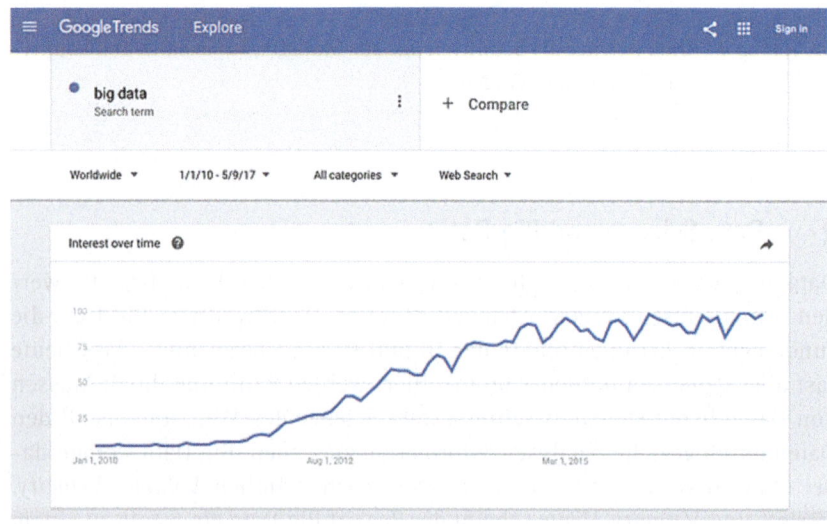

Abbildung 2   Nachfrage nach dem Suchbegriff „Big Data" bei google. Ausgelesen aus google trends am 9. Mai 2017.

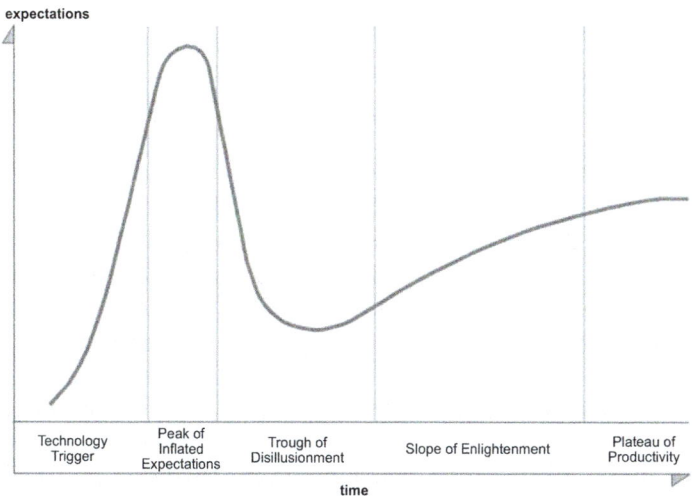

Abbildung 3   Gartner's Hype Zyklus. (Quelle: www.gartner.com)

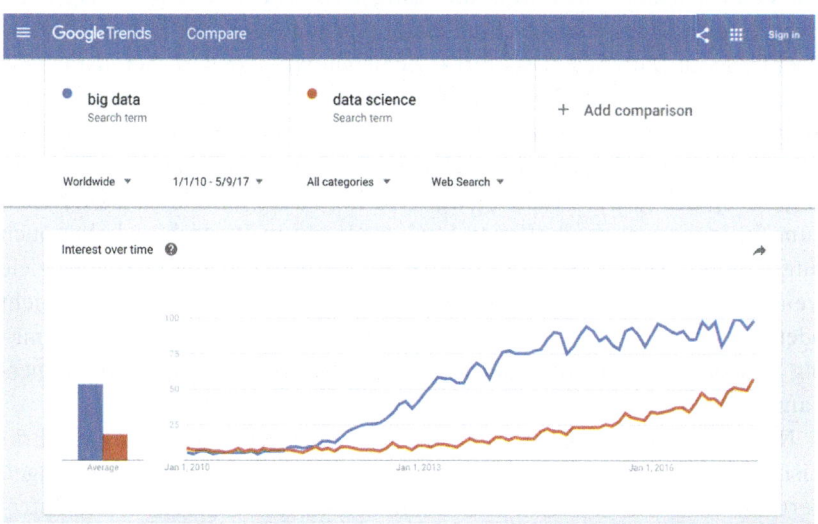

Abbildung 4   Vergleich der Nachfrage von „Big Data" und „Data Science" bei google als Suchbegriff. Darstellung aus google trends, ausgelesen am 9. Mai 2017.

3   Studiengang Data Science@LMU

Data Science ist, wie oben diskutiert, die Wissenschaft, aus Daten Wissen und Information zu ziehen. Hierfür sind Kompetenzen sowohl in statistischer Datenanalyse als auch in numerischer Umsetzung und Datenmanagement notwendig. Diesem neuen Anforderungsprofil trägt auch die Ludwig-Maximilians-Universität München (LMU) Rechnung und bietet seit Wintersemester 2016/17 als eine der ersten deutschen Universitäten einen internationalen rein englischsprachigen Studiengang (Master) im Bereich *Data Science* an. Der Studiengang *Data Science* ist interdisziplinär angelegt und wird gemeinsam und jeweils zu gleichen Teilen vom Institut für Statistik und vom Institut für Informatik an der LMU getragen.[1] Dieses Zusammenspiel von Statistik und Informatik ist aus Sicht der Beteiligten von elementarer Bedeutung und in gewisser Weise ein Alleinstellungsmerkmal des vorgestellten Studiengangs, denn nur an der LMU sind in Deutschland die Fachrichtungen Statistik und Informatik an einer Fakultät angesiedelt.

Der Studiengang wird finanziell vom Elitenetzwerk Bayern[2] getragen und kann sich daher als Elitestudiengang bezeichnen. Diese Namensgebung spiegelt auch wider, dass der Studiengang primär nicht die fast ausufernde Nachfrage an Data Scientists direkt bedienen will, sondern herausragende Studierende anspricht, die darüber hinaus sowohl im Bereich Statistik als auch im Bereich Informatik hinreichend fundierte Vorkenntnisse haben. Der Studiengang zielt auf internationale Studierende ab und ist daher rein englischsprachig. Der Studiengang steht in starker Konkurrenz zu vielen, zum Teil ganz neu geschaffenen Studiengängen in Deutschland aber auch international. Durch den Elitestatus kann der Studiengang aber über viele weitere Komponenten herausstechen, die „normale" Studiengänge nicht oder nur im geringem Umfang haben. So finden zum Beispiel regelmäßig Klausurtagungen zum Thema Datenethik statt oder international anerkannte Experten geben Tutorials zu spezifischen Themen.

Neben den methodischen Modulen beinhaltet der Studiengang ein Praxismodul, um die Studierenden „hands on" mit realen Herausforderungen vertraut zu machen. Dieses Praxismodul wird in Kooperation mit Unternehmen aus unterschiedlichen Bereichen durchgeführt, wie zum Beispiel

---

1   Siehe www.datascience-munich.de

2   www.elitenetzwerk.bayern.de

Versicherungen, Telekommunikations-, aber auch Luftfahrt- und Consultingunternehmen treten als Partner auf. Im Praxismodul wird ein konkreter „use case" bearbeitet. Dabei wird das erlernte Wissen konkret und in enger Kooperation mit den Projektpartnern praktisch eingesetzt.

Den Studiengang flankieren weitere wichtige Ausbildungskomponenten wie eine Summer-School und das jährliche Data-Fest. Diese zielen auf Kompetenzentwicklungen ab, die über die rein methodische Inhaltsvermittlung hinausgehen. Die einzelnen Module des Studiengangs sind in Abbildung 5 gezeigt. Mit diesem Ausbildungskanon sind die Absolventinnen und Absolventen des Studiengangs innovative und verantwortungsvolle Akademikerinnen und Akademiker.

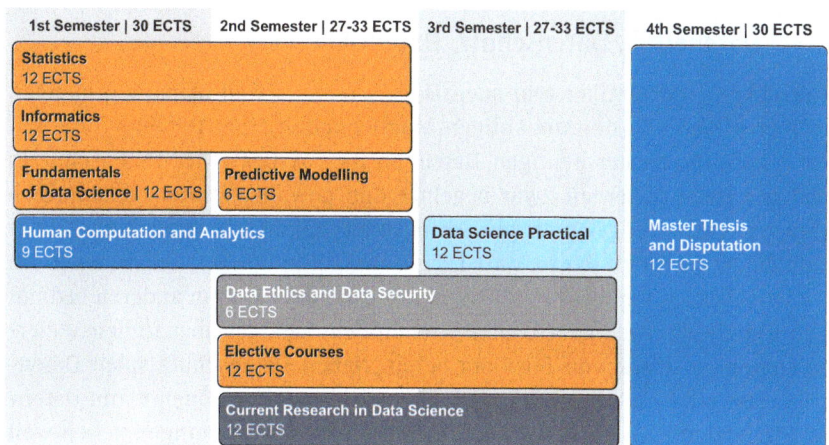

Abbildung 5   Module des Elitestudiengangs Data Science.

4   Statistik und Informatik in Data Science

Der Studiengang beinhaltet, wie in Abbildung 5 zu sehen ist, zwei zentrale Komponenten im Bereich Statistik und Informatik. In Kauermann & Seidl (2017) beschreiben wir im Detail das aus unserer Sicht notwendige Curriculum in diesen beiden Modulen. Aus Sicht der Statistik sind hier zum einen die klassischen statistischen Konzepte gefragt (Tests, Konfidenzintervalle,

Effizienz, Bayes etc.), aber auch Themen, die für angewandte Datenanalyse essentiell sind, die aber im Bereich Informatik weniger fokussiert werden. Dies inkludiert den Umgang mit fehlenden oder fehlerhaften Daten (d.h. Multiple Imputation, Fehler in Variablen), Grundlagen von statistischer Kausalität (Experimente, Instrumentalvariablen) als auch Modelle für multivariate Daten (Copulas, log-lineare Modelle). Ein Schwerpunkt bildet Modellwahl und Modellvalidierung. Auf der Informatikseite sind es Themen wie Data Mining, Klassifikation aber auch Datenmanagement, die im Vordergrund stehen. Diese Kombination aus Statistik und Informatik im Curriculum macht aus unserer Sicht die Besonderheit eines Data Science Studiengangs aus.

5   Datenethik, Datenschutz, Datensicherheit

Statistiker, Informatiker und auch Data Scientists sind oftmals geblendet, ja überwältigt von den unzähligen Möglichkeiten einer Datenanalyse und der Vielfältigkeit der heutigen Daten, so dass Aspekte des Datenschutzes und der Datensicherheit zwar beachtet und gewahrt werden, letztendlich aber im Ausbildungskanon nur wenig widergespiegelt werden. Dies liegt zum einen natürlich daran, dass Datenschutz zum großen Teil weniger ein statistisches als vielmehr ein juristisches Problem ist. Zum anderen bedient sich die klassische Statistik eher Stichproben, weniger aber stehen Vollerhebungen im Sinne von Big Data bereit. Neben Datenschutz spielt Datensicherheit eine wichtige Rolle, also die technische Komponente, um Datenschutz letztendlich zu gewährleisten. All diese Fragestellungen gehen weit über die im Bereich Data Science notwendigen methodischen Kompetenzen hinaus und doch sollten Data Scientists mit ihnen vertraut sein. Im Elitestudiengang sind diese Komponenten durch spezielle Diskussionsforen und Summerschools abgedeckt. Hierzu werden Experten des Datenschutzes, der Datenethik und des Datenrechts als Dozenten eingeladen. Die Studierenden werden damit mit den grundlegenden Fragen der Datenethik konfrontiert und entwickeln die notwendige Sensibilität. Auf diese Weise entsteht auch eine Interaktion zwischen den methodisch orientierten Wissenschaftlern und den juristisch und ethisch fokussierten Kolleginnen und Kollegen. Damit werden gesellschaftspolitische Debatten angestoßen, die weit über den

Studiengang hinausgehen, die aber notwendigerweise geführt werden müssen.

6   Weitere Informationen

Der Studiengang kann zum Wintersemester begonnen werden. Er wird international beworben und die Studierenden durchlaufen ein mehrstufiges Auswahlverfahren. Neben dem Notenspektrum ist die Vorbildung im Bereich Statistik und (!) Informatik von entscheidender Bedeutung bei der Auswahl. Genauere Information kann der Webseite des Studiengangs entnommen werden: www.datascience-munich.de.

Insgesamt sehen sich die Beteiligten des Studiengangs als Vorreiter und verfolgen mit dem Studiengang die ursprünglichen von Cleveland formulierten Ziele: *A merger of the knowledge bases* [Statistik und Informatik] *would produce a powerful force for innovation.*

Literatur

Breiman L. (2001). Statistical Modeling: The Two Cultures. *Statistical Science 16*, 199-231.

Cleveland W. S. (2001). Data Science: An Action Plan for Expanding the Technical Areas of the Field of Statistics. *International Statistical Review 69*, 21-26.

Donoho, D. (2015). 50 Years of Data Science. http://courses.csail.mit.edu/18.337/2015/docs/50YearsDataScience.pdf. Zugegriffen: 28. Juli 2017)

Kauermann, G. & Küchenhoff, H. (2016). Statistik, Data Science und Big Data. *AStA Wirtschafts- und Sozialstatistisches Archiv 10(2)*, 141- 150.

Kauermann, G. & Seidl, T. (2017). Data Science – A proposal for a Curriculum. *International Journal of Data Science and Analytics*. (to appear).

ISO Norm 19731 –
Digital Analytics and Web Analyses

Erich Wiegand
ADM Arbeitskreis Deutscher Markt- und Sozialforschungsinstitute e.V.

Die inhaltliche Rechtfertigung der Einbindung der im Folgenden vorgestellten und diskutierten internationalen Qualitätsnorm ISO 19731:2017[1] in
das Generalthema „Big Data – Chancen, Risiken, Entwicklungstendenzen"
der zwölften wissenschaftlichen Tagung des Statistischen Bundesamtes in
Zusammenarbeit mit dem ADM Arbeitskreis Deutscher Markt- und Sozialforschungsinstitute e.V. und der Arbeitsgemeinschaft Sozialwissenschaftlicher Institute e.V. (ASI) am 29. und 30. Juni 2017 in Wiesbaden ergibt sich
allein schon aus der Tatsache, dass der Anwendungsbereich dieser Norm –
Messung der Nutzung des Internets und Analysen der Sozialen Medien als
empirische Forschung – zweifellos den Umgang mit „Big Data" beinhaltet,
unabhängig davon, ob sich die konkrete Definition des Begriffs auf drei,
vier oder fünf „V"[2] stützt.

1   Entstehung und normungssystematische Einordnung der ISO 19731

Die Norm ISO 19731:2017 „Digital analytics and web analyses for purposes of market, opinion and social research – Vocabulary and service requirements" definiert die Kriterien, nach denen die Qualitätsansprüche der

---

1   Aus urheberrechtlichen Gründen kann der Autor die Norm nicht zur Verfügung
     stellen. Sie muss entweder über ein nationales Normungsinstitut oder über ISO,
     die International Standardisation Organisation, bezogen werden.
2   „Volume, Variety, Velocity, Veracity, Value".

Anbieter von wissenschaftlichen Dienstleistungen zur Messung der Nutzung des Internets und für Analysen der Sozialen Medien vergleichend bewertet werden können und nach denen die methodische Qualität dieser Forschungsdienstleistungen eingeschätzt werden kann. Für die Nachfrager und Nutzer dieser Leistungen bietet die Norm ISO 19731:2017 in dieser Form bisher nicht vorhandene Möglichkeiten der vergleichenden Bewertung.

Die Norm ISO 19731:2017 sowie ihre qualitätsrelevanten Anforderungen und Empfehlungen sind nicht isoliert zu sehen, sondern sie sind Teil des internationalen Systems der professionellen Selbstregulierung der Markt-, Meinungs- und Sozialforschung[3]. Die allgemein anerkannte und verbindliche Selbstregulierung der Branche umfasst die Festlegung der forschungsmethodischen Anforderungen, die Konkretisierung der rechtlichen Rahmenbedingungen und die Formulierung der forschungsethischen Prinzipien für die Durchführung von Studien der empirischen Forschung. Kodifiziert sind diese verschiedenen komplementären Elemente des Systems der Selbstregulierung – sowohl auf nationaler als auch auf internationaler Ebene – zum einen in den wissenschaftlichen Qualitätsnormen und Qualitätsstandards und zum anderen in den berufsständischen Verhaltenskodizes und gegebenenfalls in den diese ergänzenden verbindlichen Richtlinien.

1.1 Standards zur Qualitätssicherung

Die Verbände der Markt- und Sozialforschung in Deutschland – der ADM Arbeitskreis Deutscher Markt- und Sozialforschungsinstitute, die Arbeitsgemeinschaft Sozialwissenschaftlicher Institute e.V. (ASI), der BVM Berufsverband Deutscher Markt- und Sozialforscher e.V. und die Deutsche Gesellschaft für Online-Forschung – DGOF e.V. – nahmen zur Jahrtausendwende im internationalen Vergleich keine führende Position hinsichtlich der Entwicklung von Qualitätsstandards ein. Als sie jeweils unter der Federführung des ADM im Jahr 1999 die „Standards zur Qualitätssicherung in der Markt- und Sozialforschung" und im Jahr 2001 die „Standards zur Qualitätssicherung für Online-Befragungen" zunächst als sogenannte Branchenstandards veröffentlichten, waren die entsprechenden Entwicklungen in

---

3   Im Folgenden wird der Begriff „Marktforschung" verschiedentlich in seiner generischen Bedeutung verwendet, d.h. die Forschungsbereiche Markt-, Meinungs-, Media-, Politik-, Sozialforschung u.a. einschließend.

verschiedenen anderen vergleichbaren Ländern, insbesondere in der englischen Markt- und Sozialforschung schon deutlich weiter fortgeschritten.

1.2 DIN 77500 Markt- und Sozialforschungs-Dienstleistungen

Es war der Initiative des Deutschen Instituts für Normung e.v. zu verdan-
ken, dass auf der Grundlage der oben genannten Branchenstandards im Jahr
2003 mit der DIN 77500 „Markt- und Sozialforschungs-Dienstleistungen"[4]
eine nationale Qualitätsnorm veröffentlicht werden konnte. Die entsprechenden Arbeiten bestanden ganz überwiegend darin, die beiden eher in
der Form von wissenschaftlichen Fachbüchern geschriebenen Standards
zur Qualitätssicherung in eine normentaugliche Sprache – bestehend vor
allem aus auditierbaren Anforderungen und Empfehlungen – zu überführen. Inhaltliche Änderungen und Ergänzungen waren dagegen kaum erforderlich.

Die Norm DIN 77500 selbst entfaltete keine erwähnenswerte den For-
schungsprozess gestaltende bzw. normierende Kraft. Ihre eigentliche Bedeutung bestand darin, die inhaltlichen Positionen der Verbände der Markt-
und Sozialforschung in Deutschland offiziell in die Diskussionen zur Anfang des Jahrtausends beginnenden Entwicklung der internationalen Norm
ISO 20252 einzubringen. Mit der Fertigstellung dieser Norm, wurde die
Norm DIN 77500 zurückgezogen.

1.3 ISO 20252 Markt-, Meinungs- und Sozialforschung

Im Jahr 2006 wurde mit der Norm ISO 20252 „Markt-, Meinungs- und Sozialforschung – Begriffe und Dienstleistungsanforderungen" eine internationale Norm veröffentlicht, deren Ziel es war, die qualitätsrelevanten
Anforderungen und Empfehlungen an die verschiedenen Schritte des For-
schungsprozesses in der Marktforschung transparent und ihre Erfüllung
nachvollziehbar zu machen. Die Adressaten dieser Qualitätsnorm waren
und sind in erster Linie die privatwirtschaftlichen Forschungsinstitute, denen die Norm eine international anerkannte Möglichkeit eröffnete, sich und
das Angebot ihrer Forschungsdienstleistungen für ihre öffentlichen und
privaten Auftraggeber gegenüber den im Markt der Marktforschung ebenfalls tätigen „Cowboys" abzusetzen. Adressaten der Norm ISO 20252 sind

---

4   DIN 77500:2003 Markt- und Sozialforschungs-Dienstleistungen.

darüber hinaus aber auch die in diesem Bereich in gleicher Weise tätigen akademischen und universitären Forschungseinrichtungen, die verschiedenen Stellen der amtlichen Statistik sowie kommunale und betriebliche Forschungseinrichtungen.

Im Jahr 2012 wurde eine zweite revidierte Fassung der Norm ISO 20252[5] veröffentlicht, die bis heute noch aktuell ist, sich aber gegenwärtig in einem erneuten Revisionsprozess befindet. Die qualitätsrelevanten Anforderungen der Norm ISO 20252 stellen weder einzeln noch insgesamt, wie manchmal fälschlich behauptet wird, den kleinsten gemeinsamen Nenner dar, auf den sich die Fachverbände aus den an der Entwicklung der Norm beteiligten Ländern, bzw. die sie bei ISO vertretenden nationalen Normungsinstitute, eher mühsam einigen konnten. Die Anforderungen und Empfehlungen der Norm wurden vielmehr im Konsens – wenngleich häufig relativ mühsam – jeweils als sogenannte „good research practice" definiert, die bei der Durchführung von Studien einzuhalten bzw. zu erreichen es einiger Anstrengungen bedarf. Die Norm ISO 20252 trägt damit auf der Seite der Anbieter von Dienstleistungen der Markt-, Meinungs- und Sozialforschung dazu bei, „to separate the boys from the men".

1.4 ISO 26363 Access Panels in der Markt-, Meinungs- und Sozialforschung

Obwohl die Norm ISO 20252 methoden- und technikneutral formuliert ist und deshalb zu Recht den Anspruch erhebt, mit ihren Anforderungen und Empfehlungen für alle inhaltlichen Bereiche, theoretischen Ansätze und methodischen Vorgehensweisen der Markt-, Meinungs- und Sozialforschung gleichermaßen relevant zu sein, wurde im Jahr 2009 mit der ISO 26362[6] eine internationale Norm veröffentlicht, deren Anwendungsbereich exklusiv auf den Einsatz von Access Panels in der Markt-, Meinungs- und Sozialforschung ausgerichtet ist. Der Hintergrund der vom ADM Arbeitskreis Deutscher Markt- und Sozialforschungsinstitute e.V. initiierten Entwicklung dieser Norm war die Tatsache, dass in den Jahren zuvor insbesondere bei Online Access Panels in den USA ein allgemeiner Qualitätsverfall

---

5   ISO 20252:2012 Market, opinion and social research – Vocabulary and service requirements.

6   ISO 26362:2009 Access Panels in der Markt-, Meinungs- und Sozialforschung – Begriffe und Dienstleistungsanforderungen.

stattfand, der drohte, die wissenschaftliche Reputation der Markt-, Meinungs- und Sozialforschung als Branche insgesamt nachhaltig zu beschädigen.

1.5   EN 15707 Printmedienanalysen – Begriffe und Dienstleistungsanforderungen

Insbesondere der inhaltlichen Vollständigkeit halber sei hier auf die europäische Dienstleistungsnorm EN 15707 für Printmedienanalysen[7] aus dem Jahr 2008 hingewiesen. Printmedienanalysen bieten Herausgebern von Zeitungen, Zeitschriften und Anzeigenblättern sowie Werbung treibenden Unternehmen notwendige Einblicke in Umfang und Struktur der Leserschaft sowie über die Reichweite der Printmedien und liefern auf diese Weise wichtige Erkenntnisse für die Mediaplanung und die Kalkulation von Anzeigenpreisen. Vor diesem Hintergrund wurde die europäische Dienstleistungsnorm EN 15707:2008 erarbeitet, die entsprechende Hinweise an Auftraggeber und Auftragnehmer enthält.

1.6   ISO 19731 Digital analytics and web analyses

Als im Jahr 2014 – wiederum initiiert durch den ADM Arbeitskreis Deutscher Markt- und Sozialforschungsinstitute e.V. – die Arbeiten an der Norm ISO 19731 „Digital analytics and web analyses for purposes of market, opinion and social research – Vocabulary and service requirements" begannen, war ein dem Qualitätsverfall bei Online Access Panels vergleichbarer Schadensfall in diesem noch sehr jungen Bereich der empirischen Forschung zwar noch nicht eingetreten, er war aber durchaus im Bereich des Möglichen. Hauptsächliches Ziel dieser im Juli 2017 veröffentlichten internationalen Qualitätsnorm ist es deshalb, wissenschaftliche „Leitplanken" zu definieren, die die Forschungsqualität bei der Messung der Nutzung des Internets und bei Analysen der Sozialen Medien schützen und nachhaltig fördern, ohne den wissenschaftlichen Fortschritt in diesem sich rasch entwickelnden Bereich der Marktforschung zu behindern oder gar aufzuhalten.

---

7   EN 15707:2008 Printmedienanalysen – Begriffe und Dienstleistungsanforderungen.

Geboren wurde die Idee der Norm ISO 19731 im Dezember 2012 anlässlich eines Treffens der Vorstände von ADM und MOA[8], den deutschen und niederländischen Wirtschaftsverbänden, um gemeinsame organisatorische und verbandspolitische Probleme zu diskutieren. Gestalt nahm die Idee im Februar 2014 an, als bei ISO[9] der Vorschlag zur Entwicklung der Norm erfolgreich eingereicht wurde. Anschließend musste bei dem für die Markt-, Meinungs- und Sozialforschung zuständigen Technischen Komitee 225 von ISO eine entsprechende Arbeitsgruppe eingerichtet und mit dem Austrian Standards Institute eine für das Sekretariat verantwortliche nationale Normungseinrichtung sowie mit dem Verfasser ein „Convenor" der Arbeitsgruppe gefunden werden.

Das erste Meeting der Arbeitsgruppe zur Strukturierung der Inhalte der Norm fand im September 2014 in Wien statt, das letzte zu ihrer Fertigstellung im Oktober 2016 in Madrid. Ein Zeitraum von rund zwei Jahren ist für die Entwicklung einer internationalen Qualitätsnorm durch ISO außergewöhnlich kurz. Dagegen ist mit einem dreiviertel Jahr der Zeitraum von der Fertigstellung bis zur Veröffentlichung der Norm ISO 19731 im Juli 2017 deutlich zu lang. Die diesbezüglichen formalen Regularien von ISO gefährden die Marktakzeptanz neu entwickelter Normen, insbesondere wenn sich deren Anwendungsbereich selbst noch in deutlicher Bewegung befindet. Glücklicherweise kann die Norm ISO 19731:2017 inzwischen bei den nationalen Normungsinstituten und bei ISO bezogen werden.

2 Methodische und forschungspolitische Bedeutung der Norm ISO 19731

2.1 Anwendungsbereich der Norm ISO 19731

Der inhaltliche und methodische Anwendungsbereich der Norm ISO 19731:2017 „Digital analytics and web analyses for purposes of market, opinion and social research – Vocabulary and service requirements" schließt die folgenden Forschungsaktivitäten ein und definiert die entsprechenden qualitätsrelevanten Anforderungen und Empfehlungen:

---

8   MOA Center for Marketing Insights – Research – Analytics.
9   ISO International Standardisation Organisation.

- *understanding the usage of websites* via the use of cookies, page impressions and other means, navigation across sites, time spent by visitors and their actions;
- *online metered panels*, e.g. on-going measurement of web visitation via meters installed on panellists' desktop, mobile or tablet devices;
- tag-based solutions *to measure online usage at universe level*, which can be integrated with metered panel data to provide a hybrid measurement;
- *social media analytics*, which collect, aggregate and analyze online comments, and user-generated content such as blogs, forums and comments on news sites or other sites.

2.2   Politische Bedeutung der Norm ISO 19731

Die aktuellen politischen Diskussionen um die Probleme von Fake-News und Social-Bots sowie die daraus resultierenden Konsequenzen wurden – zumindest im Ansatz – in den Anforderungen der Norm ISO 19731:2017 bereits berücksichtigt. Der Abschnitt 5.2.2 enthält die folgende(n) Anforderung(en):

„Where appropriate, service providers shall specify whether their processes will identify and remove invalid / non-human traffic such as:
- bots and spiders;
- invalid browsers;
- internal traffic;
- incentivized browsing for the purpose of defrauding advertisers / publishers;
- other sources of invalid traffic."

Aber natürlich fehlen in der Norm noch detaillierte qualitätsrelevante Anforderungen und Empfehlungen, wie bei wissenschaftlichen Analysen der Sozialen Medien mit den verschiedenen Arten von Fake-Accounts und Fake-News, Chat-Bots, Social-Bots und Bot-Netzen sowie Troll-Armeen u.Ä. konkret umzugehen ist.

Dazu muss man zunächst der Frage nachgehen, ob der so bezeichnete „invalid / non-human traffic" ausschließlich ein Problem des politischen Populismus ist oder ob der politische Populismus nur in besonderem Maße die Aufmerksamkeit auf das Problem des „invalid / non-human traffic" lenkt. Wenn man sich Schlagworte wie beispielsweise „Influencer Marketing" in Erinnerung ruft, erscheint es mehr als fraglich, bei privatwirtschaftlichen Unternehmen hinsichtlich des Einsatzes von „invalid / non-human traffic" von der Unschuldsvermutung ausgehen zu können. Auf der anderen Seite fällt nicht jede Verwendung von Chat-Bots – wenn die gesetzlichen Vorschriften insbesondere des Wettbewerbsrechts und hier wiederum des UWG[10] beachtet werden – quasi automatisch unter die gesellschaftliche, kulturelle und politische Kritik an Fake-News und Social-Bots.

Festzuhalten bleibt, dass angemessene und detaillierte forschungsmethodische und forschungsethische Regeln zum konkreten Umgang mit Fake-Accounts, Fake-News, Chat-Bots, Social-Bots, Bot-Netzen, Troll-Armeen u.ä. benötigt werden. Daran schließen sich die konkreten Fragen an, wie man zeitnah zu diesen geforderten und benötigten forschungsmethodischen und forschungsethischen Anforderungen und Empfehlungen gelangen kann und wie bzw. inwieweit sie in die Norm ISO 19731 zu inkorporieren sind.

3   Notwendigkeit und Alternativen der Revision der ISO Norm 19731

3.1   Revision der ISO Norm 19731

Zweifellos ist die Standardisierung eines sich in rascher Entwicklung befindlichen Bereichs der empirischen Forschung schwierig und die entsprechende Kritik verständlich und zum Teil auch nachvollziehbar. Ebenso zweifellos müssen solche Dienstleistungsnormen in kürzeren Zeitintervallen als drei bis fünf Jahre überprüft und überarbeitet werden, wie es die Regularien von ISO – der International Standardisation Organisation – als Regelfall vorschreiben. Dabei gibt es vier alternative Optionen als Ergebnis dieser Überprüfung:

- die Norm wird inhaltlich unverändert fortgeführt;
- die Norm wird inhaltlich überarbeitet (d.h. ergänzt, modifiziert);
- die Norm wird inhaltlich in eine andere bestehende Norm integriert;
- die Norm wird ersatzlos zurückgezogen.

---

10 Gesetz gegen den unlauteren Wettbewerb in der Fassung der Bekanntmachung vom 3. März 2010 (BGBl. I S. 254), das zuletzt durch Artikel 4 des Gesetzes vom 17. Februar (BGBl. I S. 233) geändert worden ist.

Hinsichtlich der Norm ISO 19731:2017 stellt sich – unabhängig vom Problem der Fake-News und Social-Bots – die Frage, ob sie zu früh entwickelt wurde, wenn nahezu zeitgleich mit ihrer Veröffentlichung bereits über eine Revision nachgedacht wird. Diese Frage zu bejahen, hieße aber zu vernachlässigen, dass die Normung wissenschaftlicher (Dienst-)Leistungen nicht nur eine verwaltende, sondern auch eine gestaltende Kraft besitzt. Weiterhin stellt sich die Frage, ob die Selbstregulierung der Forschung im Internet mittels der Norm ISO 19731:2017 zu einseitig auf die forschungsmethodischen Anforderungen fokussiert ist. Diese Frage ist klar zu verneinen, denn die entsprechenden forschungsethischen Verhaltensregeln wurden bereits im März 2014 in der Soziale Medien Richtlinie (ADM et al. 2014) der Verbände der Markt- und Sozialforschung in Deutschland kodifiziert.

Am 30. Juni 2017 hat der Deutsche Bundestag in zweiter und dritter Lesung das sogenannte Netzwerkdurchsetzungsgesetz[11] beschlossen. Ziel des NetzDG sind bußgeldbewehrte Compliance-Regeln für die Anbieter der sozialen Netzwerke, um für die Betroffenen die Rechtsdurchsetzung gegen strafbare Inhalte im Internet – insbesondere gegen die sogenannte Hasskriminalität – zu erleichtern. Einen nennenswerten Beitrag zur Lösung des Problems von „invalid / non-human traffic" im Rahmen wissenschaftlicher Analysen der Sozialen Medien vermag das Netzwerkdurchsetzungsgesetz jedoch nicht zu leisten, denn diese verschiedenen Aktivitäten mit dem Ziel, die öffentliche Meinung zu beeinflussen, liegen zum größten Teil außerhalb bzw. unterhalb der durch das NetzDG adressierten Straftatbestände.

Eine zukünftige Revision der Norm ISO 19731:2017 kann die Probleme von Fake-News und Social-Bots natürlich nicht außer Acht lassen, sondern muss diese explizit und umfassend inhaltlich und methodisch berücksichtigen. Es böte sich folglich an, zeitnah mit einer Überarbeitung der erst vor kurzem veröffentlichten Norm ISO 19731:2017 zu beginnen. Aber selbst wenn die Revision der Norm ISO 19731 nicht nur zeitnah begonnen, sondern auch zügig durchgeführt würde, hinkten ihre Anforderungen bezüglich eines angemessenen Umgangs mit Fake-News und Social-Bots nicht nur forschungsmethodisch, sondern auch forschungspolitisch aufgrund des benötigten Zeitaufwands den realen Entwicklungen hinterher.

---

11 Gesetzentwurf der Bundesregierung vom 14.06.2017 eines Gesetzes zur Verbesserung der Rechtsdurchsetzung in sozialen Netzwerken (Netzwerkdurchsetzungsgesetz – NetzDG) (Drucksache 18/12727)

3.2 Normen und technische Spezifikationen

Es ist allgemein bekannt, dass die von nationalen und internationalen Institutionen entwickelten und veröffentlichten Normen der Standardisierung von Produkten und Dienstleistungen – auch von wissenschaftlichen Dienstleistungen – dienen. Weniger bekannt ist dagegen, dass auch sogenannte technische Spezifikationen dieses Ziel verfolgen. Normen und technische Spezifikationen – letztere heißen beim Deutschen Institut für Normung e.V. „DIN SPECs" – unterscheiden sich in verschiedenen Aspekten voneinander, weisen aber auch viele Gemeinsamkeiten auf:

Idealerweise sind sowohl Normen als auch technische Spezifikationen ausschließlich als auditierbare Anforderungen und ergänzende Empfehlungen formuliert. Dabei sind Normen nicht zwangsläufig strikter formuliert. Sowohl die Anforderungen von Normen als auch von technischen Spezifikationen können auf einen wissenschaftlichen „Goldstandard" hin ausgerichtet sein oder den „kleinsten gemeinsamen Nenner" repräsentieren, auf den sich die Beteiligten einigen konnten.

Die Inhalte von Normen basieren auf einem branchenweiten Konsens aller Stakeholder. Diesen herzustellen ist Aufgabe des Normungsinstituts – in Deutschland des DIN – bei dem auch die Verantwortung für die Inhalte von Normen liegt. Dagegen reflektieren technische Spezifikationen als sogenannte „Konsortialstandards" die gemeinsamen Auffassungen der Initiatoren, bei denen auch die Verantwortung für die Inhalte liegt. Aufgrund dieser Unterschiede können nur Normen die Grundlage für eine unabhängige Konformitätsbewertung (Zertifizierung) durch eine dritte Stelle bilden.

Der in dem hier interessierenden Zusammenhang wichtigste Unterschied zwischen Normen und technischen Spezifikationen ist jedoch der gravierende Unterschied des zur Entwicklung jeweils benötigten Zeitaufwands: Für die Entwicklung einer Norm – von der Auftaktsitzung der verantwortlichen Arbeitsgruppe beim DIN bis zu ihrer Veröffentlichung – bedarf es eines Zeitraums von zwei bis vier Jahren. Dagegen ist für die Entwicklung einer DIN SPEC – bei einer effizienten Arbeitsorganisation und Vorbereitung – ein Zeitraum von zwei bis vier Monaten (nicht Jahren) ausreichend. Die damit verbundenen Vorteile müssen nicht näher erläutert werden. Der ADM macht zurzeit die entsprechenden positiven Erfahrungen bei der Entwicklung einer DIN SPEC zu den Qualitätskriterien und Dokumentationsanforderungen bei Stichproben für wissenschaftliche Umfragen der Markt-, Meinungs- und Sozialforschung[12].

4   Entwicklung der gesetzlichen Rahmenbedingungen (in Europa)

Am 10. Januar 2017 hat die Europäische Kommission einen Vorschlag für eine „Verordnung über Privatsphäre und elektronische Kommunikation" (Europäische Kommission 2017) veröffentlicht. Der federführende Ausschuss für bürgerliche Freiheiten, Justiz und Inneres (LIBE) des Europäischen Parlaments hat zu diesem Verordnungsvorschlag am 9. Juni 2017 einen Berichtsentwurf (European Parliament 2017) vorgelegt. Der ADM hat zu beiden Dokumenten Stellung genommen, im Fall des Berichtsentwurfs des LIBE-Ausschusses des Europäischen Parlaments in Form einer gemeinsamen Stellungnahme mit dem Verband der Markt- und Meinungsforschungsinstitute Österreichs (VdMI).

Insbesondere noch unter dem Eindruck des einstmals drohenden Damoklesschwert, telefonische Werbung und telefonische Befragungen der Marktforschung denselben restriktiven gesetzlichen Vorschriften zu unterwerfen und letztere damit faktisch unmöglich zu machen, legen ADM und VdMI Wert auf eine explizite Klarstellung im Erwägungsgrund 32, dass die Kommunikation zu wissenschaftlichen Forschungszwecken wie der Markt- und Meinungsforschung nicht den Vorschriften des Artikels 16 des Verordnungsentwurfs bezüglich unerbetener Kommunikation unterfällt.

Im Mittelpunkt der beiden Stellungnahmen steht aber jeweils Artikel 8 Absatz 1 des Verordnungsvorschlags, in dem die Bedingungen der grundsätzlichen Zulässigkeit der vom Endnutzer nicht selbst vorgenommenen Nutzung der Verarbeitungs- und Speicherfunktion von Endeinrichtungen normiert werden. Darunter fällt unter anderem auch der Einsatz sogenannter „Cookies". Das von ADM und VdMI gemeinsam vorgetragene Petitum (ADM und VdMI 2017, S. 6f.) sieht einen eigenständigen Erlaubnistatbestand für die grundsätzliche Zulässigkeit der vom Endnutzer nicht selbst vorge-

---

12 DIN SPEC 91368 (in Vorbereitung): Stichproben für wissenschaftliche Umfragen der Markt-, Meinungs- und Sozialforschung – Qualitätskriterien und Dokumentationsanforderungen.

nommenen Nutzung der Verarbeitungs- und Speicherfunktion von Endeinrichtungen für wissenschaftliche Forschungszwecke vor. Dabei müssen
die Rechte und Freiheiten der Betroffenen berücksichtigt und gegen die
Forschungsinteressen nach dem Prinzip der praktischen Konkordanz abge-
wogen werden. Außerdem sind die verarbeiteten personenbezogenen Daten
entsprechend der Forschungszwecke zum frühestmöglichen Zeitpunkt zu
anonymisieren.

5 Resümee

Anders als bei einer Revision der Norm ISO 19731:2017 könnten durch
eine die Norm ergänzende technische Spezifikation die notwendigen
forschungsmethodischen und forschungsethischen Anforderungen und
Empfehlungen zum Umgang mit „invalid / non-human traffic" zeitnah
entwickelt und standardisiert werden. Die Gründung eines entsprechenden
„Konsortiums" läge dabei in der Verantwortung der die Markt- und Sozialforschung in Deutschland repräsentierenden Institutionen.

Die vom Endnutzer nicht selbst vorgenommene Nutzung der Verarbei-
tungs- und Speicherfunktion von Endeinrichtungen und die Erhebung von
Informationen aus Endeinrichtungen der Endnutzer für wissenschaftliche Forschungszwecke sollte durch eine entsprechende Erlaubnisnorm als
Rechtsgrundlage in der geplanten E-Privacy-Verordnung der Europäischen
Union grundsätzlich zulässig sein. Dieses Petitum sollte von den die Markt-
und Sozialforschung in Deutschland repräsentierenden Institutionen in
gleicher Weise vertreten werden.

Literatur

ADM. (28. Februar 2017). Stellungnahme zu dem Proposal for a regulation
of the European Parliament and of the Council concerning the respect
for private life and the protection of personal data in electronic communications and repealing Directive 2002/58/EG (Regulation on Privacy and electronic Communications).
ADM, VdMI. (20. Juni 2017). Gemeinsame Stellungnahme zu dem Vorschlag
für eine Verordnung über Privatsphäre und elektronische Kommuni-

kation. ADM, ASI, BVM (Hrsg.). (1999). Standards zur Qualitätssicherung in der Markt- und Sozialforschung.

ADM, ASI, BVM, DGOF. (Hrsg.). (2001). Standards zur Qualitätssicherung für Online-Befragungen.

ADM, ASI, BVM, DGOF. (Hrsg.). (2014). Richtlinie für Untersuchungen in den und mittels der Sozialen Medien (Soziale Medien Richtlinie).

DIN SPEC 91368. (in Vorbereitung). Stichproben für wissenschaftliche Umfragen der Markt-, Meinungs- und Sozialforschung – Qualitätskriterien und Dokumentationsanforderungen.

EN 15707:2008. Printmedienanalysen – Begriffe und Dienstleistungsanforderungen.

Europäische Kommission. (10.01.2017). Vorschlag für eine Verordnung des Europäischen Parlaments und des Rates über die Achtung des Privatlebens und den Schutz personenbezogener Daten in der elektronischen Kommunikation und zur Aufhebung der Richtlinie 2002/57/EG (Verordnung über Privatsphäre und elektronische Kommunikation).

European Parliament (Committee on Civil Liberties, Justice and Home Affairs). (09.06.2017). Draft Report on the proposal for a regulation of the European Parliament and of the Council concerning the respect for private life and the protection of personal data in electronic communications and repealing Directive 2002/58/EC (Regulation on Privacy and electronic Communications).

Gesetz gegen den unlauteren Wettbewerb in der Fassung der Bekanntmachung vom 3. März 2010 (BGBl. I S. 254), das zuletzt durch Artikel 4 des Gesetzes vom 17. Februar (BGBl. I S. 233) geändert worden ist.

Gesetzentwurf der Bundesregierung vom 14.06.2017 eines Gesetzes zur Verbesserung der Rechtsdurchsetzung in sozialen Netzwerken (Netzwerkdurchsetzungsgesetz – NetzDG) (Drucksache 18/12727).

ISO 19731:2017. Digital analytics and web analyses for purposes of market, opinion and social research – Vocabulary and service requirements.

ISO 20252:2012. Market, opinion and social research – Vocabulary and service requirements.

ISO 26362:2009. Access Panel in der Markt-, Meinungs- und Sozialforschung – Begriffe und Dienstleistungsanforderungen.

Big Data in der statistischen Methodenberatung

Katharina Schüller
STAT UP, München

> *Wir ertrinken in Informationen und dürsten nach Wissen.*
> (John Naisbitt)

1 Big Data & Co.: Was verbirgt sich dahinter?

Im Zeitalter der Digitalisierung scheinen Daten allgegenwärtig und endlos zu sein: Digitalisierung produziert Daten, das „Öl des 21. Jahrhunderts", in ungeahntem Ausmaß. Das Wachstum neu entstandener Daten hat sich in gerade einmal fünf Jahren verzehnfacht, auf geschätzte knapp neun Zetabytes im Jahr 2015. Ein Ende ist nicht in Sicht – und über 90 Prozent der Daten sind unstrukturiert (Gantz; Reinsel 2012). 85 Prozent der Daten entstehen aus neuartigen Quellen wie beispielsweise Smartphones, Social Media und Sensoren (Hortonworks; SAS 2014). Das Verhältnis von Gewinn zu eingesetztem Kapital („Return on Investment") im Bereich der Datenanalyse steigert sich durchschnittlich um 241 Prozent für Auswertungen, die auf externe Daten zugreifen (Nucleus Research 2012).

Daten gab es schon immer und Datenanalyse ist auch keine neue Erfindung. Trotzdem gelten Daten als der Rohstoff des 21. Jahrhunderts. Wert aus Daten zu schöpfen, ist jedoch weit weniger einfach, als es den Anschein hat. 88 Prozent der Daten in Unternehmen liegen brach (Forrester 2014) und werden niemals ausgewertet. Amerikanischen Unternehmen entstehen jährlich Milliarden US-Dollar Kosten aufgrund schlechter Datenqualität (Wheeler 2010).

Dabei geht es meist noch nicht einmal um Big Data, gekennzeichnet durch die 3 V („Volume, Velocity, Variety"), sondern häufig sind es einfach nur relativ große und relativ schlecht strukturierte Datenmengen. Sie sind aber nicht deshalb schlecht strukturiert, weil sie ihrer Natur nach keine Struktur besitzen, sondern weil hinsichtlich der Datenaufbereitung und Datenpflege erhebliche Mängel vorliegen. Big Data und Data Analytics sind in vielen Fällen eher Schlagworte, als dass sie tatsächlich sinnvoll eingesetzt würden. In der Realität vieler Unternehmen werden Organisationsstrukturen oftmals nicht an Digitalisierungs- und Datenanalyseprojekte angepasst. Klassische Hierarchien und ein weit verbreitetes Silodenken behindern die schnelle, flexible Umsetzung der Ergebnisse. Digitalisierungsstrategien betreffen nur Teilbereiche im Unternehmen, und so verwundert es letztlich kaum, dass manchen Schätzungen zufolge rund drei Viertel aller Big Data- und Analytics-Projekte scheitern. Dieses Scheitern ist oftmals nicht in technischen Problemen begründet, sondern an der mangelnden Reife der Organisation. Positiv ausgedrückt: Erfolgreiche Datenprojekte sind immer Strategieprojekte.

Echte Real-Time-Daten liegen vor allem in Unternehmen vor, deren Geschäftsmodell schon hochgradig digitalisiert ist, z.b. Medienkonzerne oder Hersteller digitaler Funkzähler. Aber selbst dort beschränken sich Analysen meist auf Business Intelligence, selten liegen Prognose- und Steuerungsmodelle über den einzelnen Nutzer hinaus vor, so dass systematisches Lernen aus den Daten noch nicht möglich ist. So lässt sich etwa im Bereich der Online-Werbung beobachten, dass der Fokus auf der individuellen Nutzeransprache mittels Tracking beruht. Bei diesem „Micro-Targeting" werden hohe Streuverluste in Kauf genommen, die scheinbar nichts kosten, solange man ignoriert, dass Nutzer zunehmend Ad-Blocker einsetzen oder die Werbung schlicht ignorieren, so dass die Effizienz der Werbung sinkt.

Wie stark überschätzt diese angeblichen „Big Data Analysen" werden, zeigt das Beispiel der „Luftpumpen von Cambridge Analytica" (Beuth 2017). „Verblüffend zuverlässige Schlüsse" könne ein Programm der Firma Cambridge Analytica aus dem Verhalten von Nutzern auf Facebook ziehen, schrieb zwar zunächst die Schweizer Zeitschrift „Das Magazin" (Grassegger; Krogerus 2016) Ende des vergangenen Jahres. Es habe damit sogar Donald Trump zum Wahlsieg verholfen, weil es einen besonders gezielten Wahlkampf möglich gemacht habe. Viele Medien überschlugen sich daraufhin in ihren Prognosen, wie wir alle zukünftig von Algorithmen durchleuchtet und manipuliert würden.

Ähnliche Reaktionen ließen sich vor drei Jahren auf den „Target-Skandal" beobachten. Wie jede große amerikanische Supermarktkette betreibt

Target eine Abteilung für „Predictive Analytics", um das Einkaufsverhalten der Kunden vorherzusagen und besonders interessante Zielgruppen zu identifizieren. Dazu gehören werdende Eltern. Der Statistiker Andrew Pole, den Target für genau solche Zwecke vor 15 Jahren eingestellt hatte, beschrieb der New York Times recht detailliert sein Vorgehen (Duhigg 2012). Studien aus den 80er Jahren brachten ihn auf die Idee, nach einer Änderung der Einkaufsmuster insbesondere bei Körperpflege-Produkten zu suchen. So fand Pole bei der Analyse eines riesigen Datenpools heraus, dass (mutmaßlich) schwangere Frauen vermehrt unparfümierte Seifen, Bodylotions etc. kauften und auch eine plötzliche Vorliebe für Nahrungsergänzungsmittel, die sich an schwangere Frauen richten, entwickelten.

Mit seinem Schwangerschafts-Vorhersage-Modell identifizierte Pole zehntausende mutmaßlich werdende Mütter, denen die Marketing-Abteilung Rabatt-Gutscheine für verschiedene Produkte rund ums Kinderkriegen zusandte. Nach etwa einem Jahr geschah jedoch etwas Unerwartetes. Ein aufgebrachter Vater stürmte eine Target-Filiale in der Nähe von Minneapolis und beschuldigte den Filialleiter, man würde seine minderjährige Tochter zum Schwanger-Werden verführen. Dumm nur: Pole hatte ins Schwarze getroffen und das Mädchen war bereits schwanger.

Zwar zeigte sich der Großvater in spe entsprechend zerknirscht und entschuldigte sich für seinen Auftritt, aber die Öffentlichkeit reagierte umso empörter auf diesen offenkundigen Angriff der Data Scientists auf ihre Privatsphäre. Die Folge: Noch vor der Veröffentlichung des Beitrags in der New York Times wurde Pole von seinem Arbeitgeber zum Schweigen verpflichtet.

Dabei fehlt in beiden Beispielen ein entscheidendes Detail, um zu beurteilen, ob man mit Big Data tatsächlich Schwangerschaften vorhersagen kann. Sowohl Target als auch Cambridge Analytica schweigen sich aus, was die Falsch-Positiv-Rate ihrer Klassifikation betrifft.

Die „verblüffende Zuverlässigkeit" der Schlüsse von Cambridge Analytica wird belegt mit einer Studie des Psychologen Michal Kosinski, dessen Untersuchungen dem verwendeten Algorithmus zugrunde liegen. Diese Studie, die regelmäßig (stark verkürzt) zitiert wird, modelliert Persönlichkeitseigenschaften von ca. 58.000 Personen: „The proposed model uses dimensionality reduction for preprocessing the Likes data, which are then entered into logistic/linear regression to predict individual psychodemographic profiles from Likes. The model correctly discriminates between homosexual and heterosexual men in 88 Prozent of cases (...)." (Kosinski 2012).

Diese Zahl beziffert jedoch nicht die Genauigkeit der Prognose. Sie besagt lediglich Folgendes: Nimmt man je einen hetero- und einen homosexuellen Mann, dann kann der Algorithmus sie mit einer Wahrscheinlichkeit von 88 Prozent der richtigen Gruppe zuordnen. Das ist keine Prognose, denn die sexuelle Orientierung ist bekannt. Kennt man die sexuelle Orientierung jedoch nicht, dann ist es mit der Treffsicherheit des Algorithmus nicht weit her. Nimmt man an, dass zehn Prozent aller Männer homosexuell sind, dann wären von 10.000 Männern 1.000 homo- und 9.000 heterosexuell. Ein Algorithmus, der für beide Gruppen eine Korrektheit von 88 Prozent besäße, würde in der ersten Gruppe 880 Männer als homosexuell einschätzen sowie 120 fälschlicherweise als heterosexuell und in der zweiten Gruppe 7.920 als heterosexuell sowie 1.080 fälschlicherweise als homosexuell. Unter dem Strich würde er 1.960 Männer als homosexuell deklarieren. Davon sind aber nur 880 tatsächlich homosexuell. Die Trefferquote liegt also insgesamt gerade einmal bei 45 Prozent.

Target veröffentlicht selbst keine Zahlen, aber über den Wettbewerber Walmart ist bekannt, dass er über Kundendaten von rund 87 Millionen erwachsenen Amerikanern verfügt. Selektiert ein Kampagnenmanager für eine Werbeaktion zu Schwangerschafts-Produkten nun aus einem solchen Datenpool einfach sämtliche Frauen im gebärfähigen Alter, so lässt sich mit Hilfe demografischer Daten der USA rasch ableiten, dass sich zu jedem beliebigen Tag im Jahr über 100.000 Kundinnen befinden, die in den ersten vier Wochen einer Schwangerschaft sind. Biologisch gesehen, ist die Hälfte davon noch gar nicht schwanger (denn eine Schwangerschaft beginnt rechnerisch mit dem ersten Tag der letzten Periode und somit noch vor der Zeugung). Die andere Hälfte hat die frühe Schwangerschaft sehr wahrscheinlich noch nicht bemerkt.

Weil wir Menschen aber – wie der Nobelpreisträger Daniel Kahnemann in seinem Buch „Schnelles Denken, langsames Denken" eindrucksvoll schildert – dazu tendieren, für uns irrelevante Informationen auszublenden, dürften die meisten falsch-positiven, also nicht-schwangeren Kundinnen die Werbung einfach ungelesen wegwerfen. Diejenigen jedoch, denen der Werbeprospekt just am Tag des positiven Schwangerschaftstests in den Briefkasten flattert, neigen dazu, Korrelation und Kausalität zu verwechseln. Die unheimliche Macht von Big Data ist „bewiesen". Tatsächlich bewiesen ist hingegen nur das „Gesetz der sehr großen Zahlen", auch bekannt als „Infinite Monkey Theorem": Tippen unendlich viele Affen auf unendlich vielen Schreibmaschinen, so wird irgendwann einer von ihnen Goethes „Faust" produzieren. Dass er im Anschluss gleich „Faust II" verfasst, darf bezweifelt werden.

Heute ertrinken wir in Daten. Weder Laien noch die Mehrzahl der sogenannten „Experten" haben konkrete Vorstellungen über die Möglichkeiten und Grenzen von Big Data Analysen, was wahlweise zu Abwehr („wissen wir doch schon alles") oder zu Allmachts- bzw. Angstfantasien („totale Überwachung") führt. Damit es gelingt, neues Wissen zu schaffen, müssen wir begreifen, wo Digitalisierung Wissen produziert und wo bloß Daten – und dass ein Mehr an Daten nicht zwangsläufig ein Mehr an Wissen bedeutet. Big Data an sich sind noch kein Wert. Dabei meint Big Data Daten, die ein hohes Maß an Volumen, Geschwindigkeit und Vielfalt („Volume, Velocity, Variety") kennzeichnet. Mengenmäßig handelt es sich durchaus um Tera- oder Petabytes an Daten. Ein Terabyte speichert Daten von 1.500 CDs oder 220 DVDs, genug um 16 Millionen Facebook Fotos zu speichern. Diese Datenmengen, die in Unternehmen oft als „Abfallprodukt" anfallen und zunächst ohne konkreten Zweck gespeichert werden, erfordern neue Datenmanagementtools und Data-Mining-Techniken. Daten entstehen (nahezu) in Echtzeit; so verarbeitet beispielsweise Wal-Mart mit Real-Time-Analytics-Techniken mehr als eine Million Transaktionen pro Stunde (Cukier 2010). Wie auch die Menge ist die Geschwindigkeit, mit der sich Daten verbreiten, für Menschen nicht mehr fassbar. Schließlich können Daten strukturiert (z.B. automatisch erfasste Sensordaten in Datenbanken), unstrukturiert (z.B. Textnachrichten, Social-Media-Einträge) oder semistrukturiert (z.B. XML-Strukturen von Webseiten) sein und werden dann oft mit Technologien wie Hadoop gespeichert. Was man heute unter „Daten" versteht und potenziell auswerten kann, geht weit über unsere bisherige Vorstellung hinaus.

Neben diesen „3 V", die als Charakteristika von Big Data weithin akzeptiert sind, beziehen verschiedene Definitionen noch weitere V's ein. Dazu zählen „Veracity" (Verlässlichkeit von Daten), was Analysetools für das Management und Mining von unsicheren Daten erfordert. „Value" (Wert) meint, dass Daten in Originalform im Vergleich zum Volumen wenig Wert besitzen – anders als in der klassischen Statistik, die darauf ausgerichtet war, aus wenigen Daten möglichst viel Information im Verhältnis zum einzelnen Datenpunkt herauszuholen. Selbst wenn die Daten richtig sind, müssen sie eben noch längst nicht relevant sein. Schätzungen zufolge sind bei Großkatastrophen nur etwa acht Prozent der Tweets und Social-Media-Einträge relevant, das heißt, trotz entsprechender Hashtags enthielten 92 Prozent keine Informationen, die für Betroffene oder Helfer von Bedeutung waren.

Das Charakteristikum „Variability" bezieht sich auf die Variation in Datenflussraten mit eventuellen periodischen oder aperiodischen Peaks, die zu großen Herausforderungen beim Verbinden, Matchen, Säubern und Transformieren führen.

Als letztes Charakteristikum bezeichnet „Visualization" neuartige Visualisierungstechniken und interaktive Grafiken. Herausforderungen in diesem Bereich sind noch kaum untersucht, aber von großem Interesse. Schließlich ist bekannt, dass verschiedene Formen der Datenvisualisierung zugleich verschiedene Botschaften transformieren. Während ein Balkendiagramm eine Reihenfolge der Ausprägungen signalisiert, lenkt ein Kreisdiagramm den Blick des Betrachters auf die Gesamtheit. Für neuartige Formen der Visualisierung ist bislang wenig erforscht, welche Assoziationen sie beim Betrachter auslösen und welche Informationen deshalb jenseits der „nackten Zahlen" durch sie kommuniziert werden.

Daten schaffen zwar Wissen – aber wie genau geht das? Dieser Wertschöpfungsprozess lässt sich an einem kleinen Beispiel gut verdeutlichen. Warum ist ein Diamantring von Tiffany so wertvoll – und viel wertvoller als ein Diamantring vom Juwelier um die Ecke?

Tiffany verfolgt eine sehr kluge Strategie der Wertschöpfung, die man ganz analog auf Daten anwenden kann. In der ersten Stufe geht es darum, hochwertige Rohstoffe zu gewinnen: Erz und Rohdiamanten. Bei der Wissensschöpfung heißt das: Wie können wir Daten von Bedeutung erhalten? Hier unterscheiden sich der Vergleichs-Ring und der von Tiffany noch nicht sonderlich. Dann muss das Gold geschmolzen und geschmiedet und der Diamant muss geschliffen werden. In der Analogie lautet die Frage: Wie können wir durch Bereinigung und Aggregation aus Daten Informationen erzeugen? Dabei entsteht schon deutlich mehr Wert. Drittens werden Gold und Stein zu einem Ring zusammengefügt: Wie können wir entsprechend Wissen aus Informationen gewinnen, indem wir diese verknüpfen und analysieren? Ab hier wird es wirklich interessant. Der größte Teil der Wertschöpfung geschieht nämlich auf der vierten und letzten Stufe: Wie sollen wir das Wissen interpretieren und auf dieser Basis handeln? Richtig wertvoll macht den Ring erst der Stempel, den Tiffany am Ende hinzufügt – und das ist nichts anderes als eine Interpretation und Handlungsanweisung: Kauf mich, verschenk mich, dann sagt sie „ja".

Diese Interpretation ist nicht Teil der Daten. Daten und die Bedeutung von Daten sind vielmehr zwei fundamental verschiedene Dinge. Dies zu begreifen ist ein wesentlicher Aspekt von „Statistical Literacy", deren Wichtigkeit schon vor mehr als einhundert Jahren der Schriftsteller Herbert George Wells in seinen politischen Schriften herausgestellt hat: „Wenn wir mündige Bürger in einer modernen technologischen Gesellschaft möchten, dann müssen wir ihnen drei Dinge beibringen: Lesen, Schreiben und statistisches Denken, das heißt den vernünftigen Umgang mit Risiken und Unsicherheiten." Statistical Literacy bedeutet zu verstehen, welcher Wert in Daten steckt und welcher Aufwand nötig ist, um daraus Wissen entstehen zu lassen. Nicht immer lohnt dieser Aufwand. Manchmal verbieten rechtliche Hürden die Verknüpfung sensibler Datenquellen, manchmal liegen die benötigten finanziellen, technischen und personellen Ressourcen jenseits des Möglichen, manchmal enthalten die Daten auch schlicht zu wenig relevante Informationen, um eine Fragestellung hinreichend zu beantworten. „Big Data – Big Power" oder „Big Data – Big Problems"? Solche Fragen begründen neue Herausforderungen für die statistische Methodenberatung.

2 Big Data, Big Power: Vier Beispiele für „Big Data" Projekte aus der Praxis der statistischen Methodenberatung

2.1 Betrugserkennung bei Fahrzeugen

„Finde den Fehler" lautete die Fragestellung eines Automobilherstellers, der sich seit einiger Zeit damit beschäftigt, welche Wissenspotenziale in den Sensordaten moderner Fahrzeuge schlummern. Die Motivation für das erste Beispiel liegt darin, dass bei Gebrauchtfahrzeugen die Manipulation des Kilometerstands erhebliche Schäden für Kunden und Marke anrichtet. Ziel war also die Erkennung von Betrugsversuchen am Kilometerzähler. Ein Scoring-Modell aus rund 25 Einzelindikatoren sollte nicht nur vorhersagen, welche Fahrzeuge manipuliert wurden und welche nicht, sondern es sollte auch eine Einschätzung des Risikos von falsch positiv bzw. falsch negativ klassifizierten Fahrzeugen ermöglichen. Anders als in den eingangs diskutierten Beispielen ist es sehr wichtig, dass der Hersteller höchstens mit sehr geringer Wahrscheinlichkeit Falschaussagen trifft, weil diese schlimmstenfalls zu Gerichtsprozessen führen können.

Funktioniert ein solcher Score, so lassen sich aus den Daten ganz neue Geschäftsmodelle entwickeln. Eine „Gebrauchtwagen-Zertifizierung" wäre eben nicht nur für den Käufer unmittelbar nützlich, sondern könnte dem Hersteller auch helfen, den Kontakt zum Zweitkäufer des Fahrzeugs zu halten und diesen womöglich zukünftig als Neuwagenkäufer zu gewinnen. Nicht zuletzt könnten Versicherungen Interesse an den Ergebnissen zeigen.

Als schwierig erwies sich die Aufgabenstellung jedoch nicht nur deshalb, weil sich bei den Fahrzeugen im Feld die Anzahl der verfügbaren Indikatoren je Baureihe, Baujahr, Motorisierung etc. erheblich unterschied. Ein Großteil der theoretisch vorhandenen Daten erwies sich auch als äußerst lückenhaft. Warum Daten fehlten, ließ sich auf verschiedenste Arten erklären. Teilweise werden Speicher in der Werkstatt gelöscht, teilweise passiert das aber auch bei einer Manipulation des Kilometerstands. Das Fehlen von Daten kann deshalb sogar selbst ein Betrugsindikator sein. Aber so genau weiß man es nicht – denn für ein Fahrzeug „von der Straße" vermag niemand – außer der Betrüger selbst, wenn es ihn gibt – mit Sicherheit zu sagen, ob es manipuliert wurde. Die zunächst naheliegende Lösung, dann eben mit eigenen Fahrzeugen kontrollierte Experimente durchzuführen, erweist sich auch rasch als nicht praktikabel. Das liegt nicht nur an den Kosten, sondern vor allem daran, dass die neuesten Tricks der Tacho-Schrauber dem Hersteller gar nicht bekannt sind und deshalb in einem solchen Experiment nicht untersucht werden könnten. Selbst mit den größten Datensätzen, besonders ausgeklügelten Algorithmen und den leistungsfähigsten Computern wird Unsicherheit übrigbleiben.

2.2   Personalplanung für eine Versicherung

Frei nach dem Motto „Schreib mal wieder" sollte im zweiten Fall der Posteingang eines Versicherungskonzerns näher beleuchtet werden. Um die eingehende Post (Briefe, E-Mails etc.) zügig zu bearbeiten, muss der Personalbedarf möglichst gut geplant werde, was eine Prognose des Posteingangs nach einzelnen Fachgruppen erforderlich macht. Das bisher verwendete Modell war im Kern eine Excel-Tabelle mit Gewichtungsfaktoren für unterschiedliche Wochentage, Kalenderwochen und Fachgruppen. Nach einer ersten Situationsanalyse stellte sich heraus, dass allein das Hinzufügen von Feier- und Ferientagen die Prognosekraft deutlich verbessern konnte. Eigentlich eine naheliegende Idee – aber für Statistiker „von innen", die die Aufgabe hatten, aus den historisch verfügbaren Daten eine Prognose zu erstellen, eben nicht. Diese Daten gab es ja nicht im Data Warehouse. Die Kombination aus solchen und weiteren sinnvollen Daten, die einen vermutlich kausalen Einfluss auf den Posteingang hatten, mit einem neuen Modellansatz (Random Forest) reduzierte dann nicht nur den Vorhersagefehler um über 50 Prozent, sondern erlaubte zudem auch eine wöchentliche statt der bisherigen monatlichen Vorhersage.

So erfolgreich das Projekt war – es hatte auch seine Schattenseiten. Zunächst war es ziemlich mühsam, dem Auftraggeber klarzumachen, dass seine Daten aufwändig transformiert werden mussten, bevor ein Prognosemodell aufgesetzt werden konnte. Denn ein Vorhersagemodell darf sich nur auf Daten stützen, die zum Zeitpunkt der Vorhersage beobachtbar waren. In der historischen Ansicht ist das oft nicht mehr leicht herauszufinden, gerade wenn die Aktualisierung des Data Warehouses nur in größeren Zeitabständen erfolgt. Werden Monatswerte immer zum Monatsende in das Warehouse geladen, dann darf eine Prognose der September-Werte nur die Daten bis einschließlich Juli berücksichtigen. Noch problematischer ist es, wenn historische Daten etwa zur Vertragsstruktur der einzelnen Kunden überschrieben werden, sobald eine Anpassung der Verträge erfolgt.

Weil solche Vorhersagemodelle im Customer Relationship Modeling (CRM) sehr weit verbreitet sind, soll noch ein anderer Stolperstein erwähnt sein. Möchte man beispielsweise herausfinden, welche Kunden besonders gut auf eine Marketing-Aktion reagiert haben, so kann es durchaus sein, dass man nur lernt, was man schon wusste: Reagiert haben vor allem diejenigen, die angeschrieben wurden, weil man sie als „Zielgruppe" identifiziert hatte. So kann passieren, dass sich der Kundenbestand den eigenen Hypothesen darüber, wer Kunde sein sollte, allmählich anpasst, weil man alle anderen nicht mehr bewirbt.

Aber angenommen, die statistischen Methodenberater machen alles richtig: Es werden alle bedeutsamen Variablen zum richtigen Zeitstand ins Modell aufgenommen, die passenden Modelle gewählt und eventuelle Verzerrungen der Datenbasis berücksichtigt. Selbst dann ist nicht gesagt, dass in der Praxis zukünftig bessere, datengestützte Entscheidungen getroffen werden – weil nicht gesagt ist, dass die Anwender mit diesen Entscheidungen besonders glücklich sind. In der Realität warten die wenigsten Mitarbeiter und Führungskräfte eines Unternehmens darauf, dass ihnen ein Statistiker erklärt, wie sie ihre Arbeit besser machen können – oder schlimmer noch, was sie bisher alles schlecht gemacht haben. „Innenpolitische" Probleme können den Einsatz der besten Modelle im Tagesgeschäft erfolgreich verhindern, so dass es für Statistiker unerlässlich ist, ein hohes Maß an Kommunikationskompetenz zu besitzen. Nur so ist es möglich, die Motivation der Beteiligten wie auch ihre Befürchtungen, die weit über die konkrete, sachliche Fragestellung hinausgehen können, zu erfassen und mit zu bedenken. Im geschilderten Beispiel war es sehr wichtig, die Zielvorgaben und Arbeitsweisen in der Praxis genau zu verstehen und auch zu hinterfragen. So erlaubte es das „alte" Modell einzelnen Fachgruppen, ungeliebte Post-Stapel an andere Gruppen weiterzureichen, weil man dauerhaft überlastet sei – wohl wissend, dass die behauptete Überlastung durchaus im Bereich der Prognose-Ungenauigkeit lag. Mit einer präziseren Prognose macht man sich also nicht nur Freunde.

2.3　Wetter-Targeting in der Werbung

„Wochenend' und Sonnenschein" spielen eine Rolle, wenn wir uns entscheiden, ob wir in den Biergarten gehen oder doch lieber ins Kino. Aber beeinflusst das Wetter auch unser Kaufverhalten, wenn es um Schuhe, Bücher oder Netflix-Abos geht?

Falls ja, dann könnte ein Wetterdaten-Produkt einem Medienkonzern dabei helfen, die Fernseh-, Online-, Mobil- und Youtube-Werbung seiner Werbekunden personalisierter auszusteuern und durch ein solches „Weather-Targeting" die Effizienz der Werbung zu erhöhen. Mit gleichem Budget könnten somit mehr Abschlüsse erzielt werden – oder der Werbekunde könnte bares Geld sparen. Bei Werbebudgets, die sich im zwei- bis dreistelligen Millionenbereich pro Jahr bewegen, bringen schon kleine Prozentsätze großen Gewinn.

Die gute Nachricht vorneweg: Das finale Modell mit Wettervariablen, Saisonalität, Soziodemografie und TV-/Digitalwerbung erklärte 92 Prozent der Varianz, und zwar nicht retrospektiv, sondern tatsächlich für die Prognose. Ungleich größer waren die Lerneffekte beim Kunden, maßgeblich durch eine „kluge" Visualisierung der Daten und „dumme" Fragen der

Statistiker. Sich auf zentrale Geschäftsfragen zu fokussieren, kollaborativ über Kunden, Organisation und verschiedene Domänen hinweg zu arbeiten, ergebnisoffen einzusteigen, die Datenqualitätsprobleme und auch die Politik im Unternehmen frühzeitig realistisch einzuschätzen, erwiesen sich als zentrale Erkenntnisse. Am Ende formulierte der Auftraggeber selbst: Es geht es nicht um Big Data, sondern um Smart Data, und es geht nicht um möglichst ausgefeilte Algorithmen, sondern um praktisch umsetzbare Lösungen.

Zwischen den Zeilen lässt sich herauslesen, wie steil und wie steinig der Weg zum Gipfel dieser Erkenntnis war. Auf der technischen Ebene musste eine Lösung dafür gefunden werden, wie hochfrequente Web-Analytics-Daten (real-time), Wetterdaten (stündlich), Werbebudget-Daten (täglich) und Soziodemografie (Jahreswerte) ohne gemeinsamen Schlüssel zusammengeführt werden konnten. Zu Beginn war noch geplant, dass ein fertiger Datensatz an die Statistiker geliefert werden sollte. Nachdem mehrfach Ungereimtheiten auftraten, etwa dass die angeblich nächstgelegene Wetterstation mancher Orte in Deutschland 800 km entfernt lag, verbreitete sich die Erkenntnis, dass man auch solche scheinbar einfachen Datenmanagement-Aufgaben lieber den Profis überlässt.

Statistisch nicht zu beantworten ist aber eine ganz andere, scheinbar naive Frage: Was ist eigentlich „Wetter"? Ist es eine von fast 40 Wetter-Variablen wie Sonnenscheindauer, Niederschlag, Wolkenbedeckung, Windgeschwindigkeit? Sind es alle in ihrer speziellen Kombination? Sind manche Variablen redundant, weil es nun mal bei 30 Grad im Schatten nicht schneit?

Aber es geht noch komplizierter. Zehn Grad Außentemperatur sind im Juli nicht dasselbe wie im Dezember. Nur der Kontext solcher Daten verleiht ihnen offenbar Bedeutung. Der erste sonnige Tag nach fünf Tagen Regenwetter bedeutet etwas anderes als der zehnte Sonnentag in Folge. Schließlich erwies sich die Wetter-Erwartung als relevante Größe. Wer am Donnerstag damit rechnet, dass am Samstag Grillwetter herrscht, der kauft frühzeitig Würstchen und Bier ein. All diese Ideen müssen entwickelt und getestet werden, um trügerische Korrelationen von echten Effekten zu unterscheiden.

Dabei fangen die Herausforderungen mit den „echten Effekten" erst an. Frühe Modellvarianten zeigten, dass Wetter und Saisonalität zusammen schon den Großteil der Einkäufe erklären konnten. Die Werbung schien hingegen nur eine geringe Rolle zu spielen. So ein Modell ist für das Marketing, vorsichtig ausgedrückt, unbrauchbar. Wie soll ein TV-Sender seinem Werbekunden erklären, dass – statistisch gesehen – die Werbung praktisch irrelevant dafür ist, ob das Produkt verkauft wird, und dass es viel mehr auf den Wochentag und das Wetter ankommt? Undenkbar, also hieß es für die Statistik: Neues Modell, neues Glück.

Der Schlüssel zum Verständnis des Problems lag darin, dass eben die Media-Planer heute keine zufälligen Variationen von Werbung ausspielen, sondern anhand ihres nicht-kodifizierten Expertenwissens genau dann Spots schalten, wenn auch Zuschauer vor dem Bildschirm sitzen. So korrelieren Tages- und Jahreszeiten wie auch die Wochentage hoch mit dem Werbebudget, und weil Weihnachten sich nicht zufällig übers Jahr verteilt, bestehen auch Zusammenhänge mit dem Wetter. Je nachdem, welche Variablen also ins Modell aufgenommen werden, entfallen unterschiedliche Anteile der erklärten Varianz auf die einzelnen Faktoren.

Man könnte lange darüber diskutieren, was die methodischen Vor- und Nachteile verschiedener Varianten sind. Insbesondere dann, wenn die erste Rückmeldung auf ein generalisiertes additives Modell mit Fourier-Komponente beinhaltet, das sei womöglich ein zu einfaches Modell für eine derart komplexe Fragestellung, ist die Verlockung groß, dies mit dem offensichtlich kompetenten Gegenüber auch zu tun. Sie reduziert sich deutlich, wenn nach der Vorstandspräsentation die Frage im Raum steht, ob man nicht ein etwas einfacheres Modell konstruieren könne, das man auf einer einzigen Folie verständlich erklären könne. Und so ist es manchmal wie bei der Mondlandung: Eine gute Lösung ist ein großer Schritt für das Unternehmen, aber sie sieht aus wie ein ganz kleiner Schritt für den Statistiker.

2.4   Smart Data Labs am Frankfurter Flughafen

„Fly me to the moon" – leider ist das nicht die praktikabelste Idee zur Lösung des Problems, dass sich der Passagiertransport für einen Großflughafen wie auch für die Luftfahrtgesellschaften immer weniger lohnt. Gerade ein Transferflughafen wie Frankfurt, der als Drehkreuz zwischen Amerika und Asien fungiert, bekommt zunehmend Konkurrenz von günstigeren Flughäfen in der Mittelmeergegend. Aber womöglich bergen Daten das Potenzial für neue, lukrative Geschäftsmodelle.

Im März 2015 führte die Fraport AG als Betreibergesellschaft des Flughafens Frankfurt deshalb ein experimentelles Smart Data Lab durch (Wrobel; Schüller 2017). Zum ersten Mal arbeiteten Experten aus vielen verschiedenen Abteilungen in einem Lab zusammen. Sie definierten vier Probleme, die Data Analytics lösen sollte, wobei eine riesige Menge an Daten des Unternehmens genutzt werden sollten. Die vier Aufgaben lauteten:

- Effekt der Flugzeugpositionierung auf den Umsatz in den Flughafen-Shops
- Frühwarnsystem für die Verkaufsprognose
- Analyse der Potenziale für den Transport von Sonderfracht
- Optimierung der Intraday-Vorhersage von Verspätungen

Eine der wesentlichen Lektionen war, dass die Problemlösung mit Big Data und Data Analytics sehr viel mehr braucht als Expertenwissen in diesen beiden Domänen. Die Herausforderung, andere Abteilungen davon zu überzeugen, dass Data Analytics unverzichtbar ist, um klügere Entscheidungen zu treffen und den Frankfurter Flughafen in einen „digitalen Marktplatz" zu verwandeln, entpuppte sich als wesentliche Hürde und schwieriger als die technologischen Herausforderungen. Mit der Einbindung interdisziplinärer praktischer Expertise in nahezu jede Phase des Analytics-Prozesses konnten die Experten die Ergebnisse korrekt interpretieren und Stolperfallen, die zu schwerwiegenden Fehlschlüssen geführt hätten, frühzeitig identifizieren. So entstand zum Beispiel ein Modell, das eine bessere Prognose der Ankunftszeiten erlaubte, in dem erstmals Radardaten systematisch eingebunden wurden. Damit lässt sich die Personalplanung optimieren und die Kosten sinken. Eine Simulation der Flugzeugpositionierung zeigte, dass Umsatzpotenziale in Millionenhöhe ausgeschöpft werden könnten, wenn diese Positionierung optimiert würde. Auch aus den Daten zum Transport von Sonderfracht ließen sich wertvolle Erkenntnisse gewinnen.

Die effektive Kommunikation von Data-Analytics-Problemen und -Ergebnissen half dabei, die Akzeptanz der datenbasierten Empfehlungen des Smart Data Labs zu fördern. Data Analytics und die riesigen Datenmengen, die zum ersten Mal in ein gemeinsames IT-System überführt wurden, erlaubten es, einige etablierte Entscheidungsregeln zu hinterfragen und zu korrigieren. Die Analysen beantworteten aber nicht nur die oben aufgezählten Fragestellungen und verbesserten die Geschäftsprozesse, vielmehr entstanden auch einige neue datenbasierte Geschäftsideen mit abteilungsübergreifenden Auswirkungen.

Es kann durchaus sein, dass Abteilungsleiter, die derartige Analyse-Aktivitäten zuvor nicht allzu ernst genommen haben, plötzlich Bruchstücke von Roh-Ergebnissen zu Ohren bekommen und ängstlich oder gar verärgert reagieren. Niemand hat freudig darauf gewartet, dass die Statistiker Fehler der vergangenen und vielleicht sogar aktuellen Entscheidungspraxis aufdecken könnten. Man macht sich oft nicht bewusst, dass das Verändern von Entscheidungsprozessen von einer erfahrungsgetriebenen zu einer datengetriebenen Herangehensweise möglicherweise hierarchische Strukturen angreift. Deshalb kann die Bedeutung von Kommunikation, politischer Lobby-Arbeit und Sensibilität für Befindlichkeiten nicht genug betont werden, weil die systematische Wertschöpfung aus Big Data, wenn sie richtig funktionieren soll, für die Gesamtorganisation einen Veränderungsprozess initiiert, der auch professionelles Veränderungsmanagement erfordert. Angst vor Veränderung („never change a running system") ist ein großer Verhinderer, und nicht selten wird das Totschlag-Argument des Datenschutzes vorgeschoben, um eine Lenkung durch „interessierte" Domänen zu ermöglichen oder „Mythen" und althergebrachte Entscheidungsregeln nicht in Frage zu stellen.

Veränderung ist aber auch notwendig mit Blick auf die Kompetenzprofile der Statistiker, besonders wenn sich der Fokus verändert von Deskription zu Prädiktion oder sogar Steuerung/Optimierung. Deskriptive Analysen beantworten Fragen wie: Was ist passiert und wann? Man braucht dazu (fast) kein Verständnis der zugrundeliegenden Prozesse oder Daten, Zeiträume sind für die Analyse in der Regel irrelevant. Auf der nächsten Stufe, der diagnostischen Analyse, sucht man nach Erklärungen: Warum ist es passiert? Um nicht Korrelation mit Kausalität zu verwechseln, muss der datengenerierende Prozess nun verstanden werden. Wenn man wiederum zur nächsten Stufe, der prädiktiven Analyse, kommt, muss man oftmals die Struktur der Daten erheblich transformieren, z.B. von einer Perspektive der Transaktionen (einzelne Buchungen) zu einer Perspektive auf den Kunden, und von einer ex-post- auf eine ex-ante-Perspektive. Denn für eine Prognose darf man nur die Daten benutzen, die man zum Zeitpunkt der Prognose auch kennt. Zeit spielt eine besondere Rolle, wenn man sich Fragen stellt wie: Was wird vermutlich als nächstes passieren? Es kann eine schwierige und zeitaufwändige Aufgabe sein, historische Datensichten zu rekonstruieren, was professionelle Kenntnisse des Datenmanagements erfordert. Schließlich unterstützt präskriptive Analyse oder Optimierung auf der letzten Stufe die Entscheidungen: Wie können wir Dinge passieren lassen? Man braucht dazu ein Modell des Geschäftsprozesses, seiner einzelnen Komponenten und ihrer Interaktionen, um den Prozess optimieren zu können. Deshalb benötigt man Kompetenzen im Operations Research und in Optimierungstechniken, z.B. in numerischen Methoden.

Diese Geschichte endete gut. Die Ergebnisse aus dem Smart Data Lab nahmen die leitenden Gremien der Fraport AG mit großem Interesse auf. Der Vorstand machte aus dem Pilotprojekt des Smart Data Lab eine feste Institution. Bereits im April 2016 wurde eine zweite Lab-Runde mit vier neuen Fragestellungen abgeschlossen und im September 2017 startet das Lab in die dritte Runde.

3 Big Data, Big Problems? Ausblick und Diskussion

Der vorliegende Beitrag hat anhand verschiedener Praxisbeispiele aufgezeigt, welche Probleme, aber auch Chancen aus den aktuellen Entwicklungen rund um „Big Data" und „Advanced Analytics" für die statistische Methodenberatung entstehen. Auf der einen Seite schüren diese Schlagwörter Vorstellungen von unserer Disziplin als einem Fach aus der Mottenkiste, das längst von „Data Science", „Machine Learning" und „Artificial Intelligence" überholt wurde. Auf der anderen Seite führt die Fehleinschätzung des eigenen Datenpotenzials bei unseren Gegenüber zu völlig unrealistischen Erwartungen an die Möglichkeiten der Datenanalyse. Die Frage lautet also: Wie müssen wir als Statistiker uns positionieren, um als Datenanalyse-Experten gegen Computer noch eine Chance zu haben? Und welche Rolle spielt dabei die oft beschworene „Statistical Literacy"?

„We have a new resource here. But nobody wants ‚data'. What they want are the answers. To use big data to produce such answers will require large strides in statistical methods." (David Hand, Imperial College, London)

Neue Methoden zur Wertschöpfung aus Big Data müssen auf einem Grundverständnis von Statistik aufbauen, statt dieses zu ignorieren. Die Verwechslung von Korrelation und Kausalität wie auch von Signifikanz und Relevanz, nicht repräsentative Stichproben, multiple Testprobleme und hohe Falsch-Positiv-Raten sind gängige Fehler, die Data Scientists ohne fundierte Statistik-Ausbildung häufig unterlaufen. Der Ökonom Tim Harford beschreibt es so: „There are a lot of small data problems that occur in big data. They don't disappear because you've got lots of the stuff. They get worse."

Statistische Methodenberatung liefert einen einzigartigen Mehrwert bei der Gewinnung von Steuerungswissen aus Daten, wenn sie sehr gutes Methodenwissen kombiniert mit der Fähigkeit, über Disziplinen hinweg zu kommunizieren. Ersteres ist notwendig, um Chancen und Grenzen des vorhandenen Datenmaterials richtig einschätzen zu können. Letzteres dient dazu, gemeinsam mit dem Auftraggeber sinnvolle Anwendungsmöglichkeiten der Datenanalyse zu identifizieren und auf diese Weise den „Rohstoff Big Data" in neue Produkte und Geschäftsmodelle zu überführen. Dazu gehört auch die Unterscheidungsfähigkeit, ob der Auftraggeber wirklich ein „Big Data"-Problem hat oder ob sein Problem eher im Datenmanagement liegt.

Manchmal liegt die größte Schwierigkeit nicht einmal in den (daten-) technischen, sondern in den organisatorischen Gegebenheiten, beispielsweise in der fehlenden Zusammenarbeit betroffener Abteilungen. Umso wichtiger ist für den Statistiker gerade bei einer unübersichtlichen Datenlage die Fähigkeit zum Grundverständnis der datengenerierenden Prozesse. Sonst besitzen wir am Ende große Datenmengen, aber sind entfernter denn je von großen Einsichten.

Literatur

Beuth, P. (2017). Die Luftpumpen von Cambridge Analytica. In Die ZEIT, 07.03.2017. http://www.zeit.de/digital/internet/2017-03/us-wahl-cambridge-analytica-donald-trump-widerspruch. Zugegriffen: 10.07.2017.

Cukier, K. (2010). Interview in The Economist, 2010: Data, data everywhere. A special report on managing information. https://www.emc.com/collateral/analyst-reports/ar-the-economist-data-data-everywhere.pdf Zugegriffen: 10.07.2017.

Duhigg, C. (2012). How Companies learn your Secrets. In The New York Times Magazine, 06.02.2012. http://www.nytimes.com/2012/02/19/magazine/shopping-habits.html. Zugegriffen: 10.07.2017.

Forrester. (2014). The Forrester Wave™: Big Data Hadoop Solutions, Q1 2014. Zugriff: https://www.forrester.com/The+Forrester+Wave+Big+Data+Hadoop+Solutions+Q1+2014/-/E-PRE6807. Zugegriffen: 10.07.2017.

Foucault, M. (1980). *Power/Knowledge: Selected Interviews & Other Writings 1972-1977*. Harvester Press, London.

Gantz, J. & Reinsel, D. (2012). The Digital Universe in 2020: Big Data, Bigger Digital Shadows, and Biggest Growth in the Far East. http://www.emc.com/collateral/analyst-reports/idc-the-digital-universe-in-2020.pdf. Zugegriffen: 10.07.2017.

Grassegger, H. & Krogerus, M. (2016). Ich habe nur gezeigt, dass es die Bombe gibt. In Das Magazin, 03.12.2016. https://www.dasmagazin.ch/2016/12/03/ich-habe-nur-gezeigt-dass-es-die-bombe-gibt/ Zugegriffen: 10.07.2017.

Hortonworks & SAS. (2014). Analytics everywhere. http://www.sas.com/content/dam/SAS/sv_se/doc/Presentation/Hortonworks-SAS-Analytics-Everywhere-SF2014.pdf. Zugegriffen: 10.07.2017.

Kahnemann, D. (2012). *Schnelles Denken, langsames Denken*. Siedler Verlag, München.

Kosinsiki, M., Stillwell, D. & Graepel, T. (2012). Private traits and attributes are predictable from digital records of human behavior. http://www.pnas.org/content/110/15/5802.full. Zugegriffen: 10.07.2017.

Nucleus Research. (2012). The Big Returns from Big Data. http://nucleusresearch.com/?wpdmdl=5476. Zugegriffen: 10.07.2017.

Wheeler, R. (2010). US businesses losing out on $700bn annually, study finds. https://www.edq.com/blog/us-businesses-losing-out-on-%24700bn-annually-study-finds/. Zugegriffen: 10.07.2017.

Wrobel, C. & Schüller, K. (2017). Unlocking the doors of Frankfurt Airport's Digital Marketplace: How Fraport's Smart Data Lab manages to create value from data and to change.

Big Data in der wirtschaftswissenschaftlichen Forschung

Thomas K. Bauer [1,2], *Phillip Breidenbach* [2] & *Sandra Schaffner* [2]
Ruhr-Universität Bochum[1],
RWI – Leibniz-Institut für Wirtschaftsforschung e.V.[2]

1 Einleitung

In den letzten Jahrzehnten fand ein dramatischer Wandel im Bereich der Volkswirtschaftslehre weg von einer überwiegend theoretisch geprägten hin zu einer überwiegend empirischen Disziplin statt. So zeigt eine von Hamermesh (2013) durchgeführte Analyse der Publikationen in drei führenden ökonomischen Zeitschriften[1], dass im Jahr 1983 knapp 62% aller Publikationen in diesen Zeitschriften rein theoretischer und lediglich knapp über 38% empirischer Natur waren. Dabei verwendeten 35% der publizierten Beiträge Sekundärdaten, 2,4% eigens erhobene Daten und bei lediglich 0,8% der Beiträge handelte es sich um experimentelle Studien. Im Jahr 2011 waren hingegen nur 28% der Publikationen überwiegend theoretische Beiträge, knapp 30% empirische Analysen auf Basis von Sekundärdaten, 34% empirische Analysen auf Basis eigener Datenerhebungen sowie 8% Experimentalanalysen.

Dieser Wandel der Volkswirtschaftslehre hin zu einer überwiegend empirischen Disziplin wurde dabei insbesondere durch die zunehmende Verfügbarkeit von Daten sowie der mit dem technologischen Wandel einhergehen-

---

1   American Economic Review, Journal of Political Economy und Quarterly Journal of Economics.

den verbesserten Rechnerleistung getrieben. Während in den 1960er Jahren empirische Wirtschaftswissenschaftler lediglich auf aggregierte Zeitreihen zurückgreifen konnten oder kostspielige eigene Erhebungen durchführen mussten, standen ihnen mit Beginn der 1970er Jahre zunehmend große Befragungsdaten, wie bspw. die erstmals 1968 erhobene Panel Study of Income Dynamics (PSID) oder das seit 1983 erhobene Sozio-oekonomische Panel (SOEP) zur Verfügung. In Deutschland erfolgte mit dem im Jahr 2001 veröffentlichten Bericht der Kommission zur Verbesserung der informationellen Infrastruktur zwischen Wissenschaft und Statistik (KVI) (2001) ein weiterer bedeutender Einschnitt für die empirische Wirtschaftsforschung. Auf Basis dieses Berichts wurden in Deutschland eine Vielzahl von Forschungsdatenzentren eingerichtet, in denen Wissenschaftlern insbesondere auch administrative (Individual-)Daten zur Verfügung gestellt wurden, wie bspw. die aus den Meldungen zur Sozialversicherung und Daten aus dem Geschäftsprozess der Bundesagentur für Arbeit gewonnene IAB-Beschäftigtenstichprobe (siehe bspw. Allmendinger und Kohlmann 2005; Bender und Möller 2010; Heining 2010).

Mit der zunehmenden Verfügbarkeit digitaler Datenquellen wird nun von nicht wenigen Beobachtern eine weitere „Revolution" in der Verfügbarkeit von Daten und – damit verbunden – der empirischen Wirtschaftsforschung ausgerufen. Dabei wird häufig übersehen, dass bereits zu Beginn der Jahrtausendwende viele Ökonomen in ihren empirischen Analysen nicht nur auf Internetdaten – insbesondere auf Daten von *eBay* und *Amazon* zur Analyse der Ausgestaltung von Auktionsmechanismen (siehe Bajari und Hortacsu 2004, für einen Überblick) – zurückgriffen, sondern über Internet-Auktionsplattformen bereits kontrollierte Feldexperimente durchführten (Lucking-Reiley 1999).

Vor diesem Hintergrund liegt das Ziel dieses Beitrags, die Potenziale und Herausforderungen digitaler Datenquellen für die empirische Wirtschaftsforschung zu diskutieren. Hierzu werden im folgenden Abschnitt der Datenzugang und die Vor- und Nachteile der Strukturen digitaler Daten im Vergleich zu administrativen Daten dargestellt sowie die methodischen und organisatorischen Herausforderungen digitaler Daten sowie deren Potenziale und Grenzen für den wirtschaftlichen Erkenntnisfortschritt diskutiert. Abschnitt 3 verdeutlicht die in Abschnitt 2 diskutierten Herausforderungen und Probleme digitaler Daten am Beispiel verschiedener Forschungsprojekte eines Wirtschaftsforschungsinstituts (des RWI – Leibniz Institut für Wirtschaftsforschung). Der Beitrag schließt mit einem kurzen Fazit.

2   Big Data: Struktur, methodische Herausforderungen und Potenziale

Auch wenn sich bisher noch keine allgemeinverbindliche Definition von Big Data etabliert hat, wird dieser Datentypus häufig anhand der folgenden fünf Vs charakterisiert: Volume, Velocity, Variety, Value und Validity.[2] Für die offensichtlich namensgebende Eigenschaft von Big Data steht der Begriff Volume bzw. die mit digitalen Daten einhergehenden immer größer werdenden Datenmengen. Unter Velocity wird sowohl die Geschwindigkeit, mit der die Daten analysiert werden können verstanden, als auch die Geschwindigkeit, mit der sich die Daten selbst ändern können. Mit Variety wird die Heterogenität der Strukturen digitaler Daten beschrieben. Die Quellen dieser Daten reichen von Informationen, die im Produktionsprozess innerhalb von Unternehmen oder im Internet (E-Mails, SMS, Informationen und Kommunikation in sozialen Netzwerken oder Anfragen bei Suchmaschinen) anfallen, über individuelle Endgeräte (Persönliche PCs, Smart Meter, Bewegungsdaten, Ortungsdaten, Daten aus Applikationen, Kommunikationsinformationen) erhoben werden können, bis hin zu Informationen zum Kaufverhalten von Personen über EC-Karten, Kreditkarten oder Rabattkarten. Entsprechend heterogen sind die mit diesen Quellen einhergehenden Datenstrukturen, die nicht immer in klassische Datenbankstrukturen eingebunden werden können und häufig unstrukturiert (wie bspw. in Clouds abgelegte digitale Bilder) sind. Mit Value wird üblicherweise die Frage verbunden, ob mit den zur Verfügung stehenden Daten für das jeweilige Unternehmen ein Mehrwert geschaffen werden kann bzw. ob Wissenschaftler mit diesen Daten einen Erkenntnisfortschritt erwarten können. Mit Validity wird schließlich die Notwendigkeit bezeichnet, eine hohe Qualität der Daten zu gewährleisten.

Für empirische Wirtschaftswissenschaftler ist keines dieser fünf V eine vollkommen neue Herausforderung. Bereits in einführenden statistischen und ökonometrischen Lehrbüchern wird üblicherweise darauf hingewie-

---

2   Siehe Bachmann et al. (2014), für eine ausführliche Diskussion.

sen, dass an die Datenqualität drei zentrale Anforderungen gestellt werden sollten (siehe bspw. Bauer et al. 2009): (i) Objektivität, (ii) Zuverlässigkeit und (iii) Validität. Objektivität bezeichnet die Notwendigkeit, dass das Ergebnis der Messung einer Variablen unabhängig vom Beobachter sein sollte. Daten sind darüber hinaus zuverlässig, wenn die wiederholte Messung einer Variablen zu identischen Ergebnissen führt. Die Validität von Daten ist schließlich erfüllt, wenn die zur Verfügung stehenden Daten eine gute Operationalisierung der in der Theorie betrachteten Größen darstellt. Relativ zu der jeweils zur Verfügung stehenden Technologie zur Speicherung von Daten und der Leistungsfähigkeit der Rechner haben empirische Wirtschafts- und Sozialwissenschaftler bereits in der Vergangenheit häufig mit großen Datenmengen gearbeitet. Bereits die Schätzung eines einfachen nicht-linearen Modells auf Basis von Daten des SOEP hat die in den 1980er Jahren zur Verfügung stehenden Computer durchaus an den Rand der Leistungsfähigkeit gebracht. Mit dem technischen Fortschritt im Bereich der Datenspeicherung, insbesondere aber mit der zunehmenden Leistungsfähigkeit der zur Verfügung stehenden Rechner wurden in der empirischen Wirtschafts- und Sozialwissenschaft immer größere Datensätze erschlossen. So stand mit der Erschließung administrativer Daten für die Wissenschaft, wie bspw. der Sozialversicherungsdaten, bereits Anfang der Jahrtausendwende durchaus ‚Volume' zur Verfügung – auch wenn die mit Big Data zur Verfügung stehenden Datenvolumina sicherlich um ein Vielfaches größer sein können. Diese administrativen Daten lagen darüber hinaus ursprünglich teilweise in halb- oder gänzlich unstrukturierter Form vor und mussten erst im Rahmen langjähriger Arbeit für die Forschung strukturiert und aufbereitet werden (Allmendinger und Kohlmann 2005).

Nichtsdestoweniger stellen sich mit digitalen Daten für die empirischen Wirtschafts- und Sozialwissenschaften gänzlich neue Herausforderungen. Eine dieser Herausforderungen liegt sicherlich in der häufig neuen und komplexeren Struktur der Daten. Im Vergleich zu den für die Wissenschaft bereits aufbereiteten Daten, wie sie bspw. in den Forschungsdatenzentren zur Verfügung gestellt werden, wird die Erschließung digitaler Daten, deren Organisation sowie Aufbereitung für eine spezifische Fragestellung in Zukunft sicherlich sehr viel mehr Raum in der Arbeit empirischer Wissenschaftler einnehmen. Darüber hinaus stellt sich die Frage, wie unstrukturierte Daten, wie bspw. Wortbeiträge und Kommentare in sozialen Medien oder auch digitale Bilder, für empirische Analysen aufbereitet werden können. Zwar stehen für einige dieser Probleme bereits Lösungen zur Verfügung. Jedoch wird in diesem Bereich sicherlich in Zukunft eine stärkere interdisziplinäre Zusammenarbeit notwendig sein (bspw. mit Informatikern bei der Entwicklung von Methoden zur Auswertung von Bilddaten, aber auch mit Sprachwissenschaftlern bei audiovisuellen Daten oder Textdaten, Geowissenschaftlern bei georeferenzierten Daten oder Bewegungsdaten oder auch Kommunikationswissenschaftlern und Psychologen bei der Auswertung von Social Media-Daten). Darüber hinaus werden neue statistische Methoden zur Datenauswertung sowie der Aufbereitung empirischer Ergebnisse entwickelt werden müssen, die den heterogenen Strukturen und den Potenzialen digitaler Daten gerecht werden (siehe hierzu bspw. Varian 2014).

Nicht zu vernachlässigen sind die Probleme der statistischen Inferenz, die bei digitalen Daten potenziell sehr viel größere Probleme verursachen können als Befragungsdaten oder administrative Daten. Während bei Umfragedaten oder administrativen Daten die einer Stichprobe zugrundeliegende Population zumeist bekannt ist (bspw. die Gesamtheit der sozialversicherungspflichtig Beschäftigten in der Beschäftigtenstichprobe), ist diese bei digitalen Daten häufig vollkommen unbekannt. Damit sind wichtige statistische Probleme verbunden, wie bspw. das der endogenen Stichprobenselektion. So kann nicht davon ausgegangen werden, dass Personen rein zufällig eine bestimmte der verschiedenen im Internet zur Verfügung stehenden Suchmaschinen verwenden und Personen, die ausschließlich auf Suchmaschine X zugreifen, mit Personen vergleichbar sind, die ausschließlich Suchmaschine Y verwenden. Auch der datengenerierende Prozess vieler digitaler Daten ist Wissenschaftlern häufig unbekannt. Hier ist eine enge Zusammenarbeit mit den datengenerierenden Institutionen notwendig, um den Prozess der Entstehung der Daten zu verstehen. Im folgenden Abschnitt werden wir hierzu einige Beispiele geben.[3]

Bei der Verwendung von Daten von Nutzern verschiedener Internetportale entstehen weitere Probleme, die zu einem erheblichen Aufwand bei der Datenaufbereitung führen können. Ursache dieser Probleme ist zumeist,

---

3 Auf die durchaus erheblichen datenschutzrechtlichen Probleme, die mit digitalen Daten einhergehen können, soll im Rahmen dieses Beitrags nicht eingegangen werden. Siehe hierzu den Beitrag „Datenschutz bei Big Data: rechtliche und politische Implikationen" von Prof. Dr. Gerrit Hornung in diesem Buch.

dass bei der Eingabe von Informationen durch den Nutzer von den entsprechenden Betreibern der Internetportale häufig keine Plausibilitätsprüfungen durchgeführt werden oder Dubletten entstehen können. Wird bspw. auf einem Verkaufsportal ein Artikel nicht verkauft, könnte ein Nutzer denselben Artikel zu einem niedrigeren Preis noch einmal einstellen mit der Folge, dass ein und dasselbe Produkt mehrfach erfasst wird. Auch bei sozialen Netzwerken muss man davon ausgehen, dass einige Nutzer mehrere Accounts oder Profile anlegen. Können derartige Dubletten nicht identifiziert werden, erhalten diese in einer Stichprobe ein zu hohes Gewicht. Zudem kann es aufgrund eines strategischen Verhaltens von Nutzern zu systematischen Messfehlern kommen. So werden negative Eigenschaften eines Produkts, das auf einem Internetportal zum Verkauf angeboten wird, tendenziell eher verschwiegen, während positive Eigenschaften betont werden. Auch auf Partnerschaftsbörsen machen sich eine Mehrzahl der Nutzer größer, leichter, sportlicher und jünger als sie sind (Hancock et al. 2007).

Die größten Potenziale digitaler Daten liegen sicherlich hinter dem Begriff Value. Zweifelsohne erlaubt die Reichhaltigkeit und Granularität dieser Daten die Analyse einer Vielzahl wirtschaftswissenschaftlicher Fragestellungen, die mit den bisher zur Verfügung stehenden Daten nicht möglich war. Und ähnlich zu früheren Revolutionen des Datenzugangs werden digitale Daten sicherlich auch zur Entwicklung neuer ökonomischer Theorien und ökonometrischer Methoden beitragen. Um eine Einschätzung der Potenziale digitaler Daten zu gewinnen, liegt es nahe, die drei ureigensten Aufgaben der empirischen Wirtschaftsforschung getrennt zu betrachten: (i) die Beschreibung oder auch deskriptive Analyse, (ii) die Prognose künftiger Entwicklungen und (iii) die Analyse kausaler Zusammenhänge.

Digitale Daten dürften sich dabei am besten für die Beschreibung und Prognose wirtschaftlicher Entwicklungen und Phänomene eignen. Die Möglichkeiten der kleinräumigen Analyse wirtschaftlicher Größen, der Betrachtung von Nischenmärkten sowie detaillierter deskriptiver Studien des Such- und Kaufverhaltens von Konsumenten oder der Verflechtung von Unternehmen ermöglichen bspw. Erkenntnisse, die bei der Betrachtung aggregierter Größen verborgen blieben. Diese Möglichkeiten werden im nächsten Abschnitt anhand der kleinräumigen Betrachtung der Altersverteilung in der Bundesrepublik Deutschland verdeutlicht.

Insbesondere bei der Prognose der zukünftigen Entwicklung wirtschaftlicher Größen erwartet man sich durch die Verfügbarkeit digitaler Daten aufgrund der Geschwindigkeit der zur Verfügung stehenden Informationen, der Möglichkeiten der Verbesserung der Spezifikation von Prognosemodellen sowie der Möglichkeit der Generierung neuer vorlaufender Konjunkturindikatoren erhebliche Fortschritte. So ist die Verfügbarkeit zeitnaher Informationen eine der zentralen Determinanten der Genauigkeit von Prognosen (Döhrn und Schmidt 2011). Die mit digitalen Daten potenziell mögliche Echtzeitanalyse zentraler wirtschaftlicher Größen kann somit die Prognosequalität erheblich erhöhen. Die Prognosequalität hängt darüber hinaus von der Anpassungsgüte des der Prognose zugrundeliegenden ökonometrischen Modells ab. Die Möglichkeiten der Betrachtung neuer, bisher nicht zur Verfügung stehender Variablen, die Erhöhung der Anzahl der Beobachtungen sowie neuen Methoden, wie bspw. die Verwendung des Machine Learning zur Verbesserung der Modellspezifikation, können dabei helfen, die Anpassungsgüte von Prognosemodellen erheblich zu verbessern. Wie die Beschreibung des auf Google-Daten basierenden RWI-Konsumindikators im nächsten Abschnitt verdeutlichen wird, können mit Hilfe von digitalen Daten neue, der Entwicklung zentraler wirtschaftlicher Größen vorlaufende Indikatoren entwickelt und damit die Konjunkturanalyse erheblich verbessert werden.[4] Trotz aller Verbesserungen bleiben aber auch Prognosen im digitalen Zeitalter weiterhin lediglich Prognosen, die natürlich immer mit einer gewissen Unsicherheit behaftet sind.

Hinsichtlich der Möglichkeiten von Big Data zur Analyse kausaler Zusammenhänge ist hingegen eine gewisse Skepsis angebracht. Im Unterschied zur Prognose der zukünftigen Entwicklung wirtschaftlicher Größen, bei der man nicht an den geschätzten Koeffizienten des Prognosemodells, sondern primär an der Anpassungsgüte interessiert ist, liegt das zentrale Ziel einer Kausalanalyse in der Schätzung eines unverzerrten Parameters, dem sogenannten Treatment-Effekt. Dem Problem verzerrter Schätzparameter kann man jedoch nicht durch ein Mehr an Daten beikommen. Das zentrale Problem der Kausalanalyse liegt vielmehr darin, eine für die jeweilige Fragestellung und die jeweils zur Verfügung stehenden Daten valide Identifikationsstrategie zu finden.[5] Doch auch im Bereich der Kausalanalyse sind mit der Verfügbarkeit digitaler Daten aus verschiedensten Gründen durchaus wissenschaftliche Erkenntnisfortschritte zu erwarten. Zum einen erlauben

---

4   Siehe für weitere Beispiele auch Einav und Levin (2014).
5   Siehe hierzu bspw. Bauer et al. (2009) oder auch Angrist und Pischke (2009).

diese Daten die Analyse von kausalen Zusammenhängen, die mit den bisher zur Verfügung stehenden Daten nicht möglich gewesen wäre. Ein Beispiel für den Bereich des Immobilienmarktes wird im nächsten Abschnitt gegeben. Gerade die Größe digitaler Daten kann zudem den Einsatz und die Glaubwürdigkeit sehr „datenhungriger" Identifikationsstrategien, wie bspw. dem Propensity-Score-Matching- oder dem Regression Discontinuity-Ansatz (siehe u.a. Angrist und Pischke 2009), erhöhen oder – wie bereits bei der Erschließung administrativer Daten zu beobachten – die Entwicklung neuer Identifikationsstrategien befördern. Darüber hinaus können die mit den neuen Datenquellen erweiterten Möglichkeiten der Generierung neuer Kontrollvariablen helfen, Probleme verzerrter Schätzparameter aufgrund unbeobachtbarer Variablen zu verringern, bspw. durch die Verfügbarkeit neuer Proxy- oder Instrumentvariablen. Schließlich erlauben digitale Daten in vielen Bereichen die Durchführung kontrollierter Feldexperimente.

Eine weitere Besonderheit digitaler Daten ist darin zu sehen, dass sie nicht genuin für die Forschung oder die amtliche Statistik erhoben oder aus administrativen Daten generiert werden. Vielmehr fallen diese Daten üblicherweise im Rahmen des gewerblichen Zwecks eines Unternehmens an. Daher obliegt die Weitergabe der Daten für wissenschaftliche Zwecke dem jeweiligen Unternehmen, sofern sie nicht durch ein sogenanntes Web Scraping oder Screen Scraping durch die Nutzer von der Internetseite des Unternehmens gewonnen werden können. Entsprechend gibt es in der Regel keine standardisierten Verfahren des Datenzugangs. Vielmehr spielen häufig persönliche Beziehungen eine Rolle. Hierdurch ergeben sich wiederum vielfältige Probleme. So stellt sich die Frage, ob Unternehmen einem Wissenschaftler alle notwendigen Daten zur Verfügung stellt oder nicht vielmehr unternehmensstrategisch bedeutende Variablen oder Beobachtungen zurückgehalten werden. Auch werden Wissenschaftler, denen von Unternehmen Zugang zu digitalen Daten gewährt wurden, diese in vielen Fällen nicht an andere Wissenschaftler weitergeben dürfen. Damit werden wiederum die Möglichkeiten der Replikation von Forschungsergebnissen eingeschränkt. Wie im nächsten Abschnitt an einem Beispiel aufgezeigt wird, können sich selbst bei einem weitgehend freien Zugang zu digitalen Daten, wie bspw. zu *Google Trends*, aufgrund der Stichprobenziehung, Veränderungen in Algorithmen auf Internetseiten oder auch Veränderungen auf den Märkten verschiedener Internetdienstleistungen erhebliche Probleme für die Replikation von Forschungsergebnissen ergeben. Werden die Daten den Wissenschaftlern im Rahmen von Beratungsaufträgen zur Verfügung gestellt, ergeben sich schließlich potenzielle Interessenskonflikte.

3 Big Data in der Forschung eines Wirtschaftsforschungsinstituts

Bereits heute sind Anwendungen und empirische Analysen auf Basis digitaler Daten kaum noch aus modernen Forschungseinrichtungen wegzudenken. So werden in der Konjunkturforschung am RWI – Leibniz-Institut für Wirtschaftsforschung (RWI) Suchanfragen der Internetsuchmaschine *Google* verwendet, um den privaten Konsum zu prognostizieren (Schmidt und Vosen 2012). Der private Konsum ist mit einem Anteil am Bruttoinlandsprodukt (BIP) von rund 60% die wichtigste gesamtwirtschaftliche Verwendungskomponente. Allerdings ist der private Konsum vergleichsweise schwer zu prognostizieren – die Erfahrung hat gezeigt, dass geläufige Frühindikatoren nur einen schwachen Zusammenhang mit der späteren tatsächlichen privaten Konsumnachfrage aufweisen.

Der RWI-Konsumindikator versucht, Informationen zur Suchintensität, die in der *Insights for Search*-Applikation von *Google Trends* bereitgestellt werden, für die Prognose des privaten Konsums zu nutzen.[6] Die *Insights for Search*-Applikation weist auf Basis von Stichproben den Anteil der Suchanfragen nach 605 Kategorien und Unterkategorien aus, die auf Wochenbasis seit 2004 vorliegen. Aus 45 dieser Kategorien, die für die privaten Konsumausgaben relevant und mit den Komponenten des privaten Konsums nach der Volkswirtschaftlichen Gesamtrechnung des Statistischen Bundesamts kompatibel sind, wird ein gewichteter Konsumindikator generiert. Bei der Entwicklung des RWI-Konsumindikators ergab sich das Problem, dass bei einer Anfrage an die Google Trends Insights for Search-Applikation die dieser Applikation zugrundeliegende Software für einen bestimmten Tag eine zufällige Stichprobe aller von Google registrierten Suchanfragen generierte. Anfragen, die am selben Tag an Google-Trends gestellt wurden, lieferten dieselben Ergebnisse. Jedoch zeigte sich, dass die Ergebnisse an verschiedenen Tagen aufgrund der unterschiedlichen von Google Trends gezogenen Zufallsstichproben aller Suchanfragen sehr stark variierten. Zur

---

6   Siehe Schmidt und Vosen (2012) für eine detaillierte Beschreibung.

Bestimmung des RWI-Konsumindikators werden daher Durchschnitte von 52 Stichproben verwendet, die an verschiedenen Tagen gezogen wurden. Mit dem RWI-Konsumindikator können Konsumentwicklungen am aktuellen Rand sehr gut abgebildet werden. Die bisherigen Erfahrungen mit dem RWI-Konsumindikator zeigen, dass dieser einen Vorlauf von einem Quartal gegenüber dem privaten Verbrauch aufweist. Vorhersagen zu einem geänderten Konsumverhalten können demnach schon ein Quartal vorher gemacht werden und Wendepunkte schneller erkannt werden (Schmidt und Vosen 2011). Schmidt und Vosen (2012) zeigen darüber hinaus, dass mit Hilfe der Insights for Search-Applikation von Google Trends über die Möglichkeit der Berücksichtigung spezieller politischer Maßnahmen, wie bspw. die in vielen Ländern während der Rezession im Jahr 2008 eingeführten Abwrackprämie, Konjunkturprognosen verbessert werden können.

Eine weitere Datenbank, die auf Nutzer-gestützten Informationen basiert, sind die im Forschungsdatenzentrum Ruhr am RWI (FDZ Ruhr) vorliegenden Immobiliendaten RWI-GEO-RED (an de Meulen et al. 2014a). Dieser, auf den Daten von *ImmobilienScout24* basierende Datensatz umfasst jedes Angebotsinserat, das von 2007 bis jeweils zum aktuellen Rand auf der zugrundeliegenden Plattform eingestellt wurde. Da *ImmobilienScout24* in Deutschland die marktführende Plattform für Immobilieninserate darstellt, existiert kein anderer Datenbestand zum Immobilien- und Wohnungsmarkt, der umfassender oder aktueller ist. Neben der Aktualität und dem Informationsgehalt der verfügbaren Daten, zeichnen sich diese durch ihre geografische Lokalisierbarkeit aus, da alle auf *ImmobilienScout24* angebotenen Objekte georeferenziert sind. Damit können nicht nur sehr kleinräumige Entwicklungen beobachtet werden, den Daten können aufgrund der Georeferenzierung auch eine Vielzahl regionaler Informationen auf jedweder Aggregationsebene zugespielt werden, da die *ImmobilienScout24-Daten* auf die verschiedenen in Deutschland geläufigen administrativen Abgrenzungen von Regionen hochgerechnet werden können. Abbildung 1 zeigt die Veränderung der Mietpreise auf Kreisebene auf Basis der auf der Internetseite von *ImmobilienScout24* angebotenen Wohnungen. Es zeigt sich eine erhebliche regionale Heterogenität der zwischen 2013 auf 2014 zu beobachtenden Mietpreissteigerung. Einerseits ist ein deutliches Ost-West-Gefälle zu beobachten, aber auch innerhalb der einzelnen Bundesländer sind deutliche Unterschiede zu erkennen.

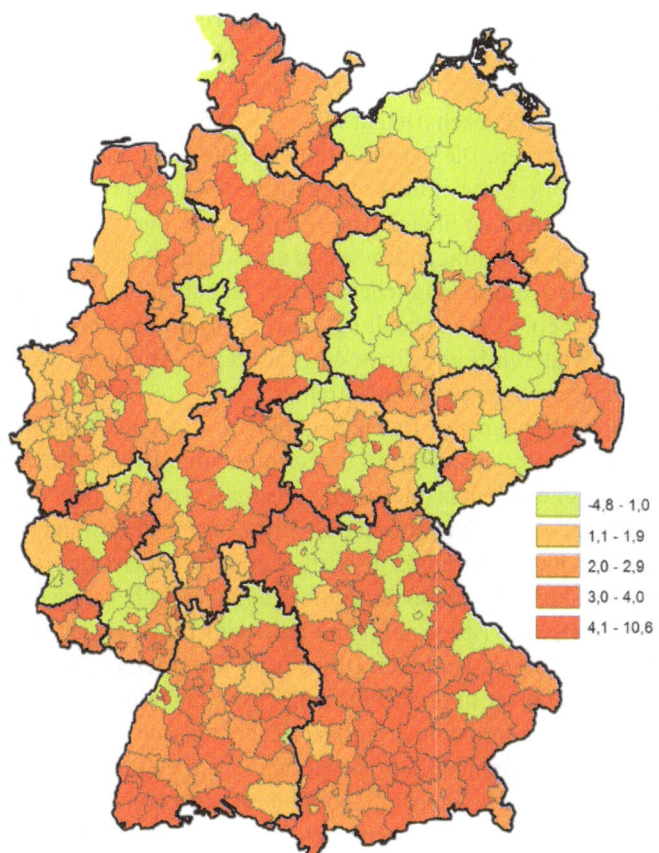

▨	-4,8 - 1,0
▨	1,1 - 1,9
▨	2,0 - 2,9
▨	3,0 - 4,0
▨	4,1 - 10,6

Quelle: Eigene Darstellung mit RWI-GEO-RED Preisindizes auf Kreisebene.

Abbildung 1   Mietpreissteigerung 2013 auf 2014, in Prozent, nach Kreisen

Die Aufbereitung der Daten von *ImmobilienScout24* für die wissenschaftliche Forschung gestaltete sich in vielerlei Hinsicht problematisch. Die Bereinigung der Daten von offensichtlichen Ausreißern (bspw. Schlösser mit
mehr als 100 Räumen zu einem Verkaufspreis von 1 €) stellte dabei noch
das geringste Problem dar. So ist es nicht unüblich, dass auf diesem Internetportal Objekte erst einmal zu einem hohen Verkaufspreis eingestellt
werden. Kann das Objekt nicht verkauft werden, wird es häufig von der

Plattform genommen und später zu einem niedrigeren Preis wieder eingestellt. Zwar kann man diese Objekte in den meisten Fällen identifizieren,
verändern sich jedoch in einem neuen Inserat neben dem Kaufpreis noch
andere angegebene Eigenschaften des Objekts, können Dubletten nicht mehr
ausgeschlossen werden. Die Bereinigung des Datensatzes um derartige Dubletten erfordert die Entwicklung eines speziellen und aufwendigen Berei-
nigungsalgorithmus. Hier bleiben Ungenauigkeiten, die man nicht beheben
kann. So sind z.b. Wohnungen innerhalb eines Hauses oder auch Häuser in
einer Reihenhaussiedlung möglicherweise in fast allen Charakteristika sehr
ähnlich. Hier ist eine Unterscheidung, ob es sich um die Vermietung / den
Verkauf eines weiteren Hauses bzw. einer weiteren Wohnung oder um eine
Dublette handelt, schwer durchzuführen.

Ein weiteres Problem der Daten liegt darin, dass nur Angebotspreise,
jedoch keine Transaktionspreise zu beobachten sind. Diesem Problem kann
man nur entgegnen, indem man bei Preisanalysen lediglich den letzten
inserierten Preis eines Objekts berücksichtigt, bevor dieses endgültig vom
Nutzer von der Plattform entfernt wird, um dem Transaktionspreis möglichst nahe zu kommen. Zum Zusammenhang zwischen Angebots- und
Transaktionspreisen existiert aufgrund fehlender Daten aktuell relativ wenig empirische Evidenz. Lediglich Dinkel und Kurzrock (2012) und Henger
und Voigtländer (2014) untersuchen den Zusammenhang für kleine Segmente des deutschen Immobilienmarktes. Zudem lassen die Daten nur Aussagen zu denjenigen Immobilien zu, die neu vermietet oder verkauft werden. Aussagen zum gesamten Immobilienbestand können nicht getroffen
werden. Schließlich existieren keinerlei Erkenntnisse darüber, ob die von
ImmobilienScout24 erfassten Objekte wirklich eine repräsentative Stichprobe aller in Deutschland zum Verkauf oder zur Vermietung angebotenen
Objekte darstellt.

Immobilienpreise können den Wert einer Wohnumgebung so gut wieder-
geben wie kaum eine andere verfügbare Variable. Kriterien, wie das Wohn-
umfeld, die Qualität der umliegenden Infrastruktur, die Erreichbarkeit aber
auch Umgebungsgrößen wie Lärmbelastung oder Kriminalität, spiegeln sich
in den Immobilienpreisen kleinräumig wieder. Damit eröffnet dieser Datensatz die Möglichkeit der Bearbeitung von Forschungsfragen, die noch
vor wenigen Jahren undenkbar gewesen wären. So wurde der Datensatz
zur Entwicklung eines Immobilienpreisindex für Deutschland verwendet,
der sehr zeitnah und potenziell für verschiedene Regionen zur Verfügung

steht (Bauer et al. 2013). Darüber hinaus wird der Datensatz regelmäßig he-
rangezogen, um die Gefahr möglicher Immobilienpreisblasen abzuschätzen
(Budde und Micheli 2016) und die Entwicklung von Immobilienpreisen zu
prognostizieren (an de Meulen et al. 2014b).

Doch auch für die Evaluation politischer Maßnahmen und die Identifikation kausaler Effekte eröffnen die Daten von *ImmobilienScout24* eine
Vielzahl von Möglichkeiten. So wurden die auf kleinräumiger Ebene zur
Verfügung stehenden Immobilieninformationen in einer Reihe von Papie-
ren verwendet, um eine Proxy-Variable für unbeobachtbare Eigenschaften
einer Nachbarschaft zu generieren. Diese wurde wiederum zur Identifikation von Nachbarschaftseffekten auf die Wahrscheinlichkeit des Bezugs
staatlicher Transferleistungen oder auch des Arbeitsangebots verwendet
(siehe bspw. Bauer et al. 2011). Darüber hinaus erlaubt die große Anzahl der
in diesem Datensatz zur Verfügung stehenden Beobachtungen die Evaluation der Immobilienpreiseffekte politischer Maßnahmen auf sehr kleinräumiger Ebene. So wurden mit diesen Daten die Immobilienpreiseffekte des
Emscherumbaus[7] evaluiert (Bauer et al. 2015). Die Schätzung hedonischer
Preisfunktionen zeigen dabei, dass der Emscherumbau in den Teilregionen
und Gemeinden des Emscherumbau-Gebiets relativ zu Vergleichsregionen
in der sonstigen Emscherregion und dem Ruhrtal keine statistisch signifi-
kanten Mietpreiseffekte zur Folge hatte. Positive Preiseffekte zeigten sich
hingegen bei Eigentumswohnungen.

Ein weiteres Beispiel ist die Analyse der Auswirkungen der Schließung
oder Laufzeitverringerung deutscher Kernkraftwerke nach der Katastrophe
in Fukushima im Jahr 2011 auf Immobilienpreise in der Nachbarschaft von
Kernkraftwerken. Bauer et al. (2017) zeigen, dass die atomenergiepolitische
Wende der Bundesregierung in Reaktion auf die Katastrophe in Fukushima

---

7   Im Ruhrgebiet übernahm die Emscher und ihre Nebengewässer im Zuge der
    Industrialisierung vor allem Entwässerungsaufgaben und wiesen daher im spä-
    ten 20. Jahrhundert den Charakter von offenen Abwasserkanälen auf. In Folge
    eines geänderten Umweltbewusstseins nahm die Emschergenossenschaft, die für
    die Gewässerbewirtschaftung der Emscher und ihrer Nebenflüsse zuständig ist,
    Anfang der 1990er Jahre das Vorhaben „Emscherumbau" in Angriff. Die Rückver-
    wandlung der Emscher in ein naturnahes Gewässersystem soll bis zum Jahr 2020
    abgeschlossen werden. Mit einem Investitionsvolumen von mehr als 4,5 Milliar-
    den € über eine Projektlaufzeit von mehreren Jahrzehnten ist der Emscherumbau
    eines der größten Infrastrukturprojekte Europas.

zu einer Verringerung der Hauspreise in der Nachbarschaft deutscher Kernkraftwerke in Höhe von 4,9% führte. Die Preise von Immobilien in der
Nachbarschaft von Kernkraftwerken, die direkt nach der Fukushima-Ka-
tastrophe abgeschaltet wurden, fielen sogar um fast 10%. Auch diese Analyse wäre ohne die große Anzahl der in den Daten von ImmobilienScout24
enthaltenen Objekte und ohne Georeferenzierung nicht möglich gewesen.

Neben der Wissenschaft sind auch gewerbliche Unternehmen an der Nutzung von Daten bspw. zu Werbezwecken interessiert. Einer dieser Anbieter
ist *microm*, ein Tochterunternehmen der *Creditreform AG*, das sich auf Mi-
kro- und Geomarketing spezialisiert hat. Sie stellen ihre Daten (entgeltlich)
auch der Wissenschaft zur Verfügung. Das FDZ Ruhr hat von *microm* Daten
auf einem $1 km^2$-Raster für Deutschland zur Bevölkerungszusammenset-
zung (Geschlecht, Alter, Migrationshintergrund), Vermögensverhältnissen
(Kreditausfallrisiken, PKWs) und Bebauung bzw. Haushaltsgrößen erworben, die als RWI-GEO-GRID-Daten im FDZ Ruhr auch externen Wissenschaftlern zur Verfügung stehen. Ähnlich zu den oben beschriebenen
Immobiliendaten liegt ein großer Vorteil dieser Daten darin, dass sie aufgrund der Georeferenzierung mit anderen Datensätzen auf verschiedenen
räumlichen Aggregationsebenen verknüpft werden können. Basierend auf
diesen Daten wurde am RWI bspw. eine kleinräumige Bevölkerungsprognose erstellt. So kann auf Basis der Daten von *microm* nicht nur die Bevölkerung im Ist-Zustand kleinräumig (auf $1 km^2$ Ebene) dargestellt, sondern
auch für die Zukunft prognostiziert werden. Eine solche Prognose kann
eine Vielzahl politischer Entscheidungen, wie bspw. Fragen der Gesund-
heitsversorgung oder der Prognose des Bedarfs an Pflegeplätzen, Kinderbe-
treuungseinrichtungen oder Schulen, eine wichtige Grundlage darstellen.
Abbildung 2 zeigt in einem $1 km^2$ -Raster beispielhaft für die Stadt Berlin
den Anteil der über 66-Jährigen für das Jahr 2015 sowie die entsprechende
Prognose für das Jahr 2035. Wie sich deutlich erkennen lässt, ist insbesondere in den Randgebieten der Stadt Berlin eine deutliche Alterung zu
erwarten.

Seit dem 1. September 2013 müssen die Betreiber der über 14 000 Tankstellen in Deutschland der Markttransparenzstelle für Kraftstoffe nicht
nur detaillierte Preisauskünfte geben, sondern auch wann und in welchem
Umfang sie die Preise an den Zapfsäulen erhöhen oder senken. Diese Daten werden inzwischen 26 Verbraucher-Informationsdiensten in Echtzeit
zugänglich gemacht. Das RWI verwendet diesen Daten, die als RWI-GEO-

GAS am FDZ Ruhr auch externen Wissenschaftlern zur Verfügung stehen, zur Erstellung eines regelmäßigen Benzinpreisspiegels. Abbildung 3 zeigt die Tankstellen in Deutschland und die Benzinpreise (Super) der einzelnen Regionen im November 2015. Darüber hinaus untersuchten Wissenschaftler des Instituts, ob systematische Preisschwankungen in Abhängigkeit von Ferien, Wochentagen oder Uhrzeiten existieren.[8]

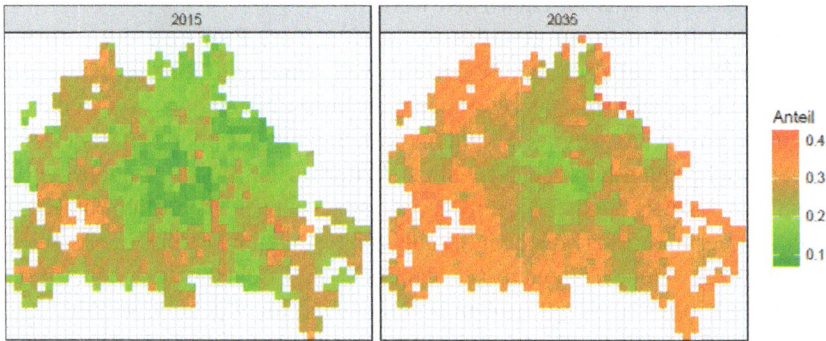

Quelle: Eigene Darstellung aufgrund der kleinräumigen Bevölkerungsprognose des RWI.

Abbildung 2   Anteil der über 65-Jährigen in Berlin 2015 und Prognose für 2035

4   Fazit

Big Data sind für die Sozial- und Wirtschaftswissenschaften in vielerlei Hinsicht keine neue Herausforderung. Auch in der Vergangenheit haben Wissenschaftler in Abhängigkeit der jeweils zur Verfügung stehenden Datenspeichertechnologie und Rechnerleistung große und komplexe (teilweise unstrukturierte) Datensätze erschlossen, aufbereitet und zur Beantwortung neuer Fragestellungen verwendet. Nichtsdestotrotz ergeben sich mit den neuen digitalen Daten auch neue Herausforderungen, die insbesondere in der Geschwindigkeit der potenziellen Datenanalyse und Veränderung der

---

8   Siehe http://www.rwi-essen.de/forschung-und-beratung/umwelt-und-ressourcen/ projekte/benzinpreisspiegel/.

Daten, den bisher unbekannten und komplexeren Strukturen sowie dem Datenzugang liegen. Digitale Daten werden daher voraussichtlich die Tätigkeit empirischer Wirtschafts- und Sozialwissenschaftler durchaus erheblich verändern: Neue Wege des Datenzugangs müssen gesucht werden, die Aufbereitung der Daten wird vergleichsweise sehr viel mehr zeitlichen Aufwand und eine stärkere interdisziplinäre Zusammenarbeit erfordern, neue Methoden der Datenanalyse und Konzepte zur Darstellung empirischer Ergebnisse müssen entwickelt werden.

Zudem kann nicht ausgeschlossen werden, dass Probleme der statistischen Inferenz bei digitalen Daten ein weit größeres Problem darstellen können, als bei administrativen Daten oder Befragungsdaten. In vielen Fällen muss davon ausgegangen werden, dass die aus digitalen Daten gewonnenen Stichproben hoch selektiv sind. Weiterhin ist die zugrundeliegende Population häufig nicht bekannt. Es ist bspw. schwer ersichtlich, bei welcher Partnerbörse oder welchem Immobilienportal eine Person eine Anzeige aufgibt und welche Personen ggf. gar nicht in Erscheinung treten. Diese Probleme können auch mit großen Datenmengen nicht geheilt werden.

Wie die Beispiele in diesem Beitrag zeigen, tragen digitale Daten gegenwärtig bereits erheblich zum Erkenntnisfortschritt in den Wirtschafts- und Sozialwissenschaften bei. Mit digitalen Daten lassen sich aufgrund ihrer Größe, Granularität und neuartig zur Verfügung stehenden Informationen Fragestellungen beantworten, die mit dem herkömmlich zur Verfügung stehenden Datenangebot nicht zu beantworten wären. Insbesondere im Bereich der Prognosen haben diese Daten ein erkennbar hohes Potenzial. So erlauben digitale Daten den Zugriff auf deutlich aktuellere Daten als das bisher möglich war und neue Methoden (wie bspw. Machine Learning) können zu einer erheblichen Verbesserung von Prognosemodellen führen.

Im Bereich der Kausalanalysen wird das Potenzial von Big Data von vielen Beobachtern jedoch überschätzt. Die Identifikation kausaler Effekte ist überwiegend ein Problem der Suche nach einer überzeugenden Identifikationsstrategie. Ein schlichtes Mehr an Daten kann dieses Problem keinesfalls lösen. Jedoch können auch im Bereich der Kausalanalyse digitale Daten zum Erkenntnisfortschritt beitragen. Neben neuen Fragestellungen können datenhungrige kausalanalytische Verfahren besser angewendet werden. Auch können neu zur Verfügung stehende Variablen dazu beitragen, Verzerrungen der zu schätzenden Parameter aufgrund unbeobachtbarer Heterogenität zu vermeiden.

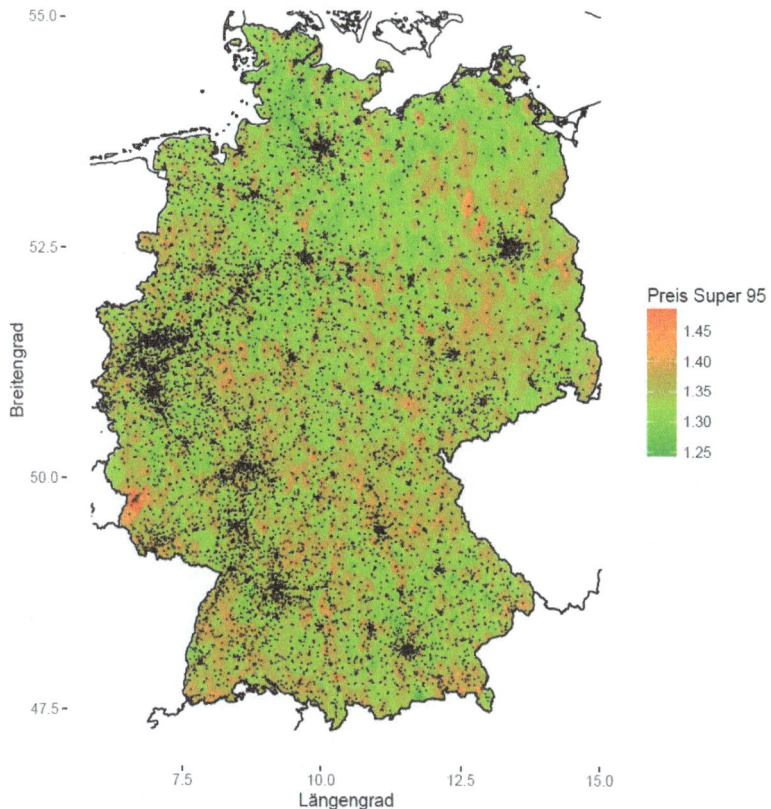

Quelle: Fundgrube FDZ Ruhr und RWI-Benzinpreisspiegel: http://fdz.rwi-essen.de/rwi-benzinpreisspiegel.html; Berechnungen auf Grundlage der RWI-GEO-GAS Daten für November 2015.

Abbildung 3   Preise für Super 95-Benzin und Verteilung der Tankstellen in Deutschland

Big Data ist sicherlich kein Ersatz für interessante Fragestellungen, ökonomische Theorie und ein gutes Forschungsdesign. Trotz aller Herausforderungen liegen in der Verfügbarkeit digitaler Daten große Potenziale. Es ist daher sicherlich davon auszugehen, dass Big Data – wie die Erschließung neuer Datenquellen in der Vergangenheit gezeigt hat – die empirische (und theoretische) Wirtschaftsforschung verändern wird.

Literatur

Allmendinger, J., & Kohlmann, A. (2005). Datenverfügbarkeit und Datenzugang am Forschungsdatenzentrum der Bundesagentur für Arbeit im Institut für Arbeitsmarkt- und Berufsforschung. *Allgemeines Statistisches Archiv*, 88, 159-182.

an de Meulen, P., Micheli, M. & Schaffner, S. (2014a). Documentation of German Real Estate Market Data - Sample of Real Estate Advertisements on the Internet Platform ImmobilienScout24. *RWI Materialien* 80. Essen: RWI.

an de Meulen, P., Micheli, M. & Schmidt, T. (2014b). Forecasting Real Estate Prices in Germany: The Role of Consumer Confidence. *Journal of Property Research* 31 (3), 244-263.

Angrist, J.D. & Pischke, J.-S. (2009). *Mostly Harmless Econometrics: An Empiricist's Companion*. Princeton: Princeton University Press.

Bachmann, R., Kemper, G. & Gerzer, T. (2014). *Big Data – Fluch oder Segen?* Heidelberg: Verlagsgruppe Hüthig Jehle Rehm GmbH.

Bauer, T.K., Braun, S. & Kvasnicka, M. (2017). Nuclear Power Plant Closures and Local Housing Values: Evidence from Fukushima and the German Housing Market. *Journal of Urban Economics*, 99, 94-106.

Bauer, T.K., Budde, R., Micheli, M. & Neumann, U. (2015). Immobilienmarkteffekte des Emscherumbaus. *Raumforschung und Raumordnung*, 73 (4), 269-283.

Bauer, T.K., Feuerschütte, S., Kiefer, an de Meulen, P., Micheli, M., Schmidt, T. & Wilke, L. (2013). Ein hedonischer Immobilienpreisindex auf Basis von Internetdaten: 2007–2011. *AStA – Wirtschafts- und Sozialstatistisches Archiv*, 7 (1), 5-30.

Bauer, T.K., Fertig, M. & Schmidt, C.M. (2009). *Empirische Wirtschaftsforschung – Eine Einführung*. Heidelberg: Springer.

Bauer, T.K., Fertig, M. & Vorell, M. (2011). Neighborhood Effects and Individual Unemployment. *Ruhr Economic Papers*, 285. RWI, RUB.

Bajari, P. & Hortacsu, A. (2004). Economic Insights from Internet Auctions, *Journal of Economic Literature*, 42 (2), 457-486.

Bender, S. & Möller, J. (2010). Data from the Federal Employment Agency. In German Data Forum & Rat für Sozial- und Wirtschaftsdaten (Hrsg.), *Building on progress. Expanding the research infrastructure for the social, economic, and behavioral sciences*, Vol. 2, (S. 943-958). Opladen: Budrich UniPress.

Budde, R. & Micheli, M. (2016). Monitoring regionaler Immobilienpreise 2016: Gefahr einer Überhitzung am Häusermarkt gestiegen. *RWI Konjunkturberichte*, 67 (2), 17-30.

Dinkel, M. & Kurzrock, B.-M. (2012). Angebots- und Transaktionspreise von selbstgenutztem Wohneigentum im Ländlichen Raum. *Zeitschrift für Immobilienökonomie*, 1, 5–25.

Döhrn, R. & Schmidt, C.M. (2011). Information or Institution – On the Determinants of Forecast Accuracy. *Jahrbücher für Nationalökonomie und Statistik*, 231, 9-27.

Einav, L. & Levin, J. (2014). Economics in the age of big data. *Science*, 346 (6210), 1243089-1 – 1243089-6.

Hamermesh, D.S. (2013). Six Decades of Top Economics Publishing: Who and How? *Journal of Economic Literature*, 51 (1), 162-172.

Hancock, J.T., Toma, C. & Ellison, N. (2007). The Truth about Lying in Online Dating Profiles. *CHI'07 Proceedings of the SIGCHI Conference on Human Factors in Computing Systems*, 449-452.

Heining, J. (2010). The Research Data Centre of the German Federal Employment Agency: data supply and demand between 2004 and 2009. *Zeitschrift für ArbeitsmarktForschung*, 42 (4), 337-350.

Henger, R. & Voigtländer, M. (2014). Transaktions- und Angebotsdaten von Wohnimmobilien – eine Analyse für Hamburg. *IW-Trends*, 41 (4), 85-100.

Kommission zur Verbesserung der informationellen Infrastruktur zwischen Wissenschaft und Statistik (KVI) (2001). *Wege zu einer verbesserten informationellen Infrastruktur*. Nomos: Baden-Baden.

Lucking-Reiley, D. (1999). Using Field Experiments to Test Equivalence between Auction Formats: Magic on the Internet, *American Economic Review*, 89 (5), 1063-1080.

Schmidt, T. & Vosen, S. (2012). A Monthly Consumption Indicator for Germany Based on Internet Search Query Data. *Applied Economics Letters*, 19 (7), 683-687.

Schmidt, T. & Vosen, S. (2011). Forecasting Private Consumption: Survey-based Indicators vs. Google Trends. *Journal of Forecasting*, 30(6), 565-578.

Varian, H. (2014). Big Data: New Tricks for Econometrics. *Journal of Economic Perspectives*, 28 (2), 3-28.

Datenschutz bei Big Data
Rechtliche und politische Implikationen

Gerrit Hornung & Constantin Herfurth
Institut für Wirtschaftsrecht, Universität Kassel

1   Einleitung

Mit dem einerseits intuitiv anschlussfähigen, andererseits erheblich er-klärungsbedürftigen Begriff „Big Data" verbinden sich seit einigen Jahren enorme wirtschaftliche Hoffnungen. Zugleich birgt er Herausforderungen für verschiedene Wissenschaftsdisziplinen, beispielsweise die Informatik (Fels et al. 2015; Bitkom 2014), die Wirtschaftswissenschaften (EY 2014; McKinsey 2011; Booz & Company 2012) oder die Philosophie (Himma und Tavani 2008; Richards und King 2014). Aus rechtswissenschaftlicher Pers-pektive stellen sich zum einen kurzfristige, eher mit hergebrachten Instru-mente zu bewältigende Fragen der (insbesondere datenschutz-)rechtlichen Zulässigkeit, wenn große Mengen personenbezogener Daten erhoben und verwendet werden sollen. Zum anderen werden mittel- und langfristig fun-damentale Probleme hervorgerufen, die nicht nur das Individuum und die Ausübung seiner Grundrechte in einer Welt allgegenwärtiger Rechnertech-nik betreffen (s. schon Roßnagel 2007; Hornung 2010), sondern auch unser hergebrachtes Verständnis der kollektiven demokratischen Entscheidungs-prozesse.

Es wäre deshalb viel zu eingeschränkt, Big Data als rein technische He-rausforderung zu begreifen. Vielmehr handelt es sich um technisch-soziale Innovationen, die nicht allein unter technischen Paradigmen der Machbar-keit gestaltet werden können.

Aus datenschutzrechtlicher Sicht werden die strukturellen Probleme von manchen als sehr groß empfunden (Roßnagel 2013). In der Tat dürfte es bisher an effektiven rechtlichen und technischen Konzepten fehlen, um mittel- und langfristig die überkommenen datenschutzrechtlichen Grundprinzipien und Schutzinstrumente in einer Welt von Big Data anzuwenden. Um die zugrundeliegenden Probleme zu erfassen, ist zunächst ein Blick auf das Phänomen Big Data und die Grundlagen des Datenschutzrechts erforderlich, bevor die künftigen datenschutzrechtlichen Vorgaben und Herausforderungen sowie erste Lösungsansätze diskutiert werden können.

2   Das Phänomen Big Data

Das Thema „Big Data" ist seit einigen Jahren allgegenwärtig. Dennoch konnte sich bislang weder eine feste Definition noch ein einheitliches Verständnis des Begriffs herausbilden.[1] Vergleicht man die verschiedenen Beschreibungsversuche von Big Data, lassen sich jedoch wenigstens drei unterschiedliche Bedeutungen herausarbeiten.

Erstens bezeichnet Big Data schlicht große Datenmengen (aus dem Englischen „big" für „groß'" und „data" für „Daten"). Ursprünglich ging es dabei nicht um die absolute Größe in Form einer bestimmten Byte-Zahl, sondern um eine relative Größe. Eine Datenmenge wurde als Big Data verstanden, wenn sie zu umfangreich und zu heterogen war, um sie mit herkömmlichen Technologien auszuwerten (Bitkom 2012, S. 21; Roßnagel 2013, S. 562; Klein et al. 2013, S. 319).[2] Zweitens steht Big Data für die Sammlung, Analyse und Nutzung dieser Datenmassen (Weichert 2013, S. 251; Roßnagel 2013, S. 562; mit Betonung der Art und Weise des Erkenntnisprozesses Mayer-Schönberger 2015, S. 14). Drittens umschreibt Big Data auch die für die Datenverarbeitung eingesetzte Technologienlandschaft (Weichert 2013, S. 251; Zieger und Smirra 2013, S. 418; Martini 2014, S. 1482; Überblick zur Technologielandschaft bei Bitkom 2014).

Mitunter gerät die Abgrenzung zu anderen bekannten Phänomenen wie beispielsweise Data Warehouse, Data Mining, Business Intelligence oder

---

1   Statt vieler Brisch und Pieper 2015, S. 724; zum Ursprung und der erstmaligen Verwendung des Begriffs im aktuellen Kontext s. Diebold 2012; Press 2013.

2   Mit diesem Verständnis auch eine der ersten Veröffentlichungen, in denen der Begriff „Big Data" verwendet wurde: Cox und Ellsworth 1997, S. 235.

Artificial Intelligence unscharf. Aus diesem Grund werden Big Data häufig verschiedene Merkmale zugeschrieben, die eine Unterscheidung erleichtern sollen – *Volume, Variety,* und *Velocity* (Martini 2014, S. 1482; Hoffmann-Riem 2017, S. 7; Bitkom 2012, S. 19; Hackenberg, in Hoeren et al. 2016, Teil 16.7, Rn. 2 ff.). Das Modell der „drei V" geht ursprünglich auf einen Beitrag des Analysten *Doug Laney* aus dem Jahr 2001 zurück, in dem dieser die Herausforderungen des (damaligen) Datenmanagements in drei Dimensionen beschrieb (Laney 2001; Hackenberg, in Hoeren et al. 2016, Teil 16.7, Rn. 1; Klein et al. 2013, S. 320). Das Merkmal *Volume* benennt die große Anzahl an verfügbaren Datensätzen, *Variety* bezieht sich auf die wachsende Vielfalt aus strukturierten, semistrukturierten und unstrukturierten Daten in unterschiedlichen Formaten und *Velocity* bezeichnet die Geschwindigkeit, in der immer neue Daten generiert werden (Bitkom 2012, S. 19).

Aus diesen Herausforderungen für herkömmliche Verfahren ergeben sich auch unmittelbare technische Anforderungen, die Big Data-Systeme heute erfüllen müssen, und die sich ebenfalls mit den „drei V" beschreiben lassen (zum Folgenden s. Fels et al. 2015, S. 263 f.). Die Anforderung *Volume* bedeutet, dass das konkrete System in der Lage sein muss, sehr große Datenvolumen zu verarbeiten. Um das Merkmal *Variety* zu erfüllen, muss das System alle gängigen Datenquellen und -formate verarbeiten können. Schließlich erfordert *Velocity*, dass das System die Datenströme nahezu in Echtzeit verarbeiten kann. Teilweise werden darüber hinaus weitere Merkmale wie *Analytics, Value* oder *Veracity* genannt (Hoffmann-Riem 2017, S. 7). Diese variieren jedoch in ihrer Verbreitung und werden nicht einheitlich gebraucht.

3   Grundlagen des Datenschutzrechts

Die Aufgabe des Datenschutzrechts besteht darin, den Schutz natürlicher Personen bei der Verarbeitung ihrer personenbezogenen Daten zu gewährleisten. Geschützt werden also nicht Daten, sondern die dahinterstehenden Menschen. Datenschutzrechtliche Vorgaben finden sich vornehmlich im deutschen und europäischen Verfassungsrecht, in den einfachen Gesetzen sowie in der Rechtsprechung des Bundesverfassungsgerichts und des Europäischen Gerichtshofs.

3.1   Grundrechtliche Vorgaben in Deutschland und Europa

Im Grundgesetz wird Datenschutz maßgeblich durch das Recht auf informationelle Selbstbestimmung gewährleistet, das jede Erhebung und Verwendung personenbezogener Daten erfasst (Albers 2005). In bestimmten Lebensbereichen wird dieser Schutz durch spezifische Grundrechtsgarantien verstärkt, nämlich das Telekommunikationsgeheimnis, die Unverletzlichkeit der Wohnung und das Recht auf Gewährleistung der Vertraulichkeit und Integrität informationstechnischer Systeme (zu diesen verfassungsrechtlichen Grundlagen Gurlit 2010).

Aus dem Allgemeinen Persönlichkeitsrecht nach Art. 2 Abs. 1 GG i.V.m. Art. 1 Abs. 1 GG leitet sich das sogenannte Recht auf informationelle Selbstbestimmung ab. Dieses gewährleistet die Befugnis des Einzelnen, grundsätzlich selbst über die Preisgabe und Verwendung seiner persönlichen Daten zu bestimmen (Bundesverfassungsgericht 1983). In Übernahme wissenschaftlicher Vorarbeiten[3] wurde das Recht auf informationelle Selbstbestimmung vom Bundesverfassungsgericht im Rahmen des Volkszählungsurteils aus dem Jahr 1983 in die Verfassungswirklichkeit überführt.[4]

Dem Urteil lagen mehrere Verfassungsbeschwerden zugrunde, die sich gegen ein Volkszählungsgesetz richteten, nach dem sämtliche Einwohner der Bundesrepublik Deutschlands statistisch erfasst werden sollten (Bundesverfassungsgericht 1983, S. 3). Unmittelbar vor dem bedeutungsträchtigen Jahr 1984, in dem die Handlung von George Orwells dystopischem Roman „1984" über einen totalitären Überwachungsstaat spielt, löste die gesetzlich angeordnete Datenerhebung erhebliche Beunruhigung in weiten Teilen der Bevölkerung aus. Das Bundesverfassungsgericht nahm dies zum Anlass, verfassungsrechtliche Anforderungen an die Verarbeitung personenbezogener Daten zu stellen. Den Inhalt des Rechts auf informationellen Selbstbestimmung fasst das Gericht so zusammen: „Freie Entfaltung der Persönlichkeit setzt unter den modernen Bedingungen der Datenverarbeitung den Schutz des Einzelnen gegen unbegrenzte Erhebung, Speicherung, Verwendung und Weitergabe seiner persönlichen Daten voraus. Dieser Schutz ist daher von dem Grundrecht des Art. 2 Abs. 1 in Verbindung mit

---

3   Vor allem das sog. Steinmüller-Gutachten s. Steinmüller et al. 1971.

4   Ausführlich zur Grundrechtsinnovation des Rechts auf informationelle Selbstbestimmung 2015, S. 266 ff.; s.a. ebd. Zur Begriffsgenese.

Art. 1 Abs. 1 GG umfasst. Das Grundrecht gewährleistet insoweit die Befugnis des Einzelnen, grundsätzlich selbst über die Preisgabe und Verwendung seiner persönlichen Daten zu bestimmen" (Bundesverfassungsgericht 1983, S. 42).

Das wegweisende Urteil wurde zur „Bergpredigt" (Schneider 1984, S. 161) des deutschen Datenschutzrechts und das Recht auf informationelle Selbstbestimmung zum Kern des verfassungsrechtlichen Schutzkonzepts in Deutschland. Flankiert wird es durch weitere geschriebene und ungeschriebene Grundrechte, die spezifische datenschutzrechtliche Gewährleistungen enthalten. So schützt das Fernmeldegeheimnis des Art. 10 GG die unkörperliche Übermittlung von Informationen an individuelle Empfänger mit Hilfe des Telekommunikationsverkehrs (Durner, in Maunz/Dürig 2016, Art. 10, Rn. 1 ff.). Die Unverletzlichkeit der Wohnung nach Art. 13 GG gewährleistet dem Einzelnen einen elementaren Lebensraum und das Recht, in ihm in Ruhe gelassen zu werden (Papier, in Maunz/Dürig 2016, Art. 13, Rn. 1 ff.); dies umfasst den Schutz vor einer Überwachung der Wohnung durch technische Hilfsmittel, auch wenn sie von außerhalb der Wohnung eingesetzt werden (Bundesverfassungsgericht 2004, S. 309). Das ebenfalls vom Bundesverfassungsgericht aus dem Allgemeinen Persönlichkeitsrecht abgeleitete Grundrecht auf Gewährleistung der Vertraulichkeit und Integrität informationstechnischer Systeme schützt vor Eingriffen in bestimmte selbstgenutzte informationstechnische Systeme (Bäcker 2009; Böckenförde 2008; Hoffmann-Riem 2008; Hornung 2008; zur Innovationsgeschichte Hornung 2015, S. 277 ff.).

In der europäischen Grundrechte-Charta (EUGRCh) gewährleisten Art. 7 EUGRCh und Art. 8 EUGRCh den Schutz personenbezogener Daten (Schiedermair 2012). Anders als in der deutschen Verfassung schreibt Art. 8 Abs. 1 EUGRCh ausdrücklich fest, dass jede Person das Recht auf Schutz der sie betreffenden personenbezogenen Daten hat.[5] Soweit personenbezogene Daten verarbeitet werden, die Bestandteil oder Ausdruck des Privatlebens sind, ist daneben auch das allgemeine Recht auf Achtung des Privatlebens nach Art. 7 EUGRCh zu berücksichtigen (Kingreen, in Calliess und Ruffert 2016, Art. 7 GRCh, Rn. 1 ff) Dieses umfasst vier Gewährleistungen, nämlich den Schutz des Privatlebens, des Familienlebens, der Wohnung und der Kommunikation. Obwohl das Verhältnis von Art. 8 EUGRCh und Art.

---

5   Ausführlich zum Schutz durch Art. 8 EUGRCh Jung (2016) und Wagner (2015).

7 EUGRCh durchaus komplexe Probleme aufwirft (Michl 2017), prüft der Europäische Gerichtshof beide Grundrechte zumeist nebeneinander, ohne differenzierte Schutzgehalte herauszuarbeiten.

Der verfassungsrechtliche Schutz personenbezogener Daten wurde und wird maßgeblich durch die Rechtsprechung des Bundesverfassungsgerichts und des Europäischen Gerichtshofs geprägt. In Deutschland kommt dies nicht nur durch die Konzeption gleich zwei neuer Grundrechte – dem Recht auf informationelle Selbstbestimmung und dem Recht auf Gewährleistung der Vertraulichkeit und Integrität informationstechnischer Systeme –, sondern auch durch eine ausdifferenzierte datenschutzrechtliche Judikatur zum Ausdruck, die weltweit ihres Gleichen sucht (Masing 2012). Im Fokus der bisherigen Rechtsprechung stand in erster Linie das Verhältnis zwischen Staat und Bürger und das Recht auf informationelle Selbstbestimmung als Abwehrrecht gegen staatliche Statistik sowie sicherheitsbehördlicher Maßnahmen wie Vorratsdatenspeicherung, Online-Durchsuchung, Kfz-Kennzeichenerfassung, Rasterfahndung, Telekommunikationsüberwachung und Videoüberwachung (Masing 2012, S. 2306). Diese Themen, die noch vor einiger Zeit aufgrund neuer Bedrohungen durch Private in den Hintergrund zu rücken schienen, erhalten in den Zeiten weitreichender informationstechnischer Ermittlungs- und Gefahrenabwehrmaßnahmen zur Bekämpfung etwa des islamistischen Terrors eine neue Bedeutung und sind aktueller denn je. Gleichzeitig werfen neue technologische Entwicklungen und informationelle Machtkonzentrationen von Google, Facebook und Amazon immer neue Fragen zur mittelbaren Drittwirkung von Grundrechten zwischen Privaten und zu staatlichen Schutzpflichten auf (Masing 2012, S. 2307 ff.; Gurlit 2010, S. 1039 f.).

Interessanterweise sind es gerade diese Bereiche, die den Europäischen Gerichtshof schon mehrfach beschäftigt haben.[6] Zwar hat das Gericht ebenso wie das Bundesverfassungsgericht inzwischen wegweisende Aussagen zu sicherheitsbehördlichen Datensammlungen – konkret zur Vorratsdatenspeicherung – getroffen. In anderen Entscheidungen geht es aber gerade um das beschriebene Spannungsverhältnis zwischen dem Recht auf Datenschutz und den Interessen weltweit operierender Oligopole und deren datenbasierten Geschäftsmodellen. Dies drückt sich in Entscheidungen des

---

6   Zur Rechtsprechung des Europäischen Gerichtshofs im Datenschutzrecht s. auch Skouris (2016).

Europäische Gerichtshofs in den vergangenen Jahren zur Datenverarbeitung durch Google (*Google Spain*, s. Kühling 2014) und Facebook (*Safe Harbor*, z.B. Schwartmann 2015) aus.

3.2 Bundesdatenschutzgesetz und Datenschutz-Grundverordnung

Auf einfachgesetzlicher Ebene ist bislang das Bundesdatenschutzgesetz (BDSG) das Herzstück des deutschen Datenschutzrechts (Kühling et al. 2015; Taeger 2014; Tinnefeld et al. 2012). Gemäß § 1 Abs. 1 BDSG besteht sein Zweck darin, den Einzelnen davor zu schützen, dass er durch den Umgang mit seinen personenbezogenen Daten in seinem Persönlichkeitsrecht beeinträchtigt wird. Das Bundesdatenschutzgesetz findet nach § 1 Abs. 2 BDSG Anwendung auf die öffentlichen Stellen des Bundes sowie alle nichtöffentlichen Stellen. Daneben bestehen die Landesdatenschutzgesetze, die für die jeweiligen öffentlichen Stellen der Bundesländer gelten (Wagner, in Wolff und Brink 2017, Syst. D). Ergänzt werden diese allgemeinen Vorschriften durch bereichsspezifische Regelungen wie das Telekommunikationsgesetz (TKG) oder das Telemediengesetz (TMG), die in ihrem jeweiligen Anwendungsbereich den allgemeinen Vorschriften vorgehen (Dix, in Simitis 2014, § 1, Rn. 155 ff.; Kühling et al. 2015, S. 255 ff.).

Im Sekundärrecht der Europäischen Union ist die Datenschutzrichtlinie 95/46/EG (DSRL) zum Schutz natürlicher Personen bei der Verarbeitung personenbezogener Daten und zum freien Datenverkehr[7] bislang das zentrale datenschutzrechtliche Rahmenwerk auf europäischer Ebene (Simitis 1997; Dammann und Simitis 1997). Mit dieser Richtlinie sollten die datenschutzrechtlichen Vorschriften in den einzelnen Mitgliedstaaten harmonisiert werden, um für ein einheitliches Schutzniveau innerhalb der Europäischen Union zu sorgen. Die Datenschutzrichtlinie wird ergänzt durch weitere europäische Rechtsakte, die speziellere datenschutzrechtliche Gewährleistungen beinhalten, wie etwa die Datenschutzrichtlinie für elektronische Kommunikation („ePrivacy-Richtlinie").[8]

---

7   Richtlinie 95/46/EG des Europäischen Parlaments und des Rates zum Schutz natürlicher Personen bei der Verarbeitung personenbezogener Daten und zum freien Datenverkehr v. 24.05.1995. ABl. 1995 L 281, 31.

8   Richtlinie 2002/58/EG des Europäischen Parlaments und des Rates über die Verarbeitung personenbezogener Daten und den Schutz der Privatsphäre in der elek-

Die im Zuge der europäischen Datenschutzreform[9] verabschiedete Datenschutz-Grundverordnung (DS-GVO)[10] wird mit ihrem Geltungsbeginn am 25.5.2018 die Datenschutzrichtlinie und große Teile des Bundesdatenschutzgesetzes ablösen.[11] Als Verordnung gilt sie gemäß Art. 288 Abs. 2 AEUV in allen europäischen Mitgliedstaaten unmittelbar und ohne weitere Umsetzungsakte der nationalen Gesetzgeber. Die Datenschutz-Grundverordnung enthält zwar eine Fülle formeller und materieller Änderungen, größtenteils schreibt sie jedoch die klassischen Schutzmechanismen fort, die sich auch schon im Recht auf informationelle Selbstbestimmung und im Bundesdatenschutzgesetz finden lassen.

4   Rahmenbedingungen der Datenschutz-Grundverordnung

4.1   Ausgangspunkt: Personenbezug der Daten

Zentraler Anknüpfungspunkt des Datenschutzrechts ist sowohl im geltenden als auch im künftigen Recht das personenbezogene Datum. Nur wenn ein solches vorliegt, ist die Datenschutz-Grundverordnung gemäß Art. 2 Abs. 1 DS-GVO sachlich anwendbar. Als „personenbezogene Daten" werden nach der Legaldefinition des Art. 4 Nr. 1 DS-GVO alle Informationen bezeichnet, die sich auf eine identifizierte oder identifizierbare natürliche

---

tronischen Kommunikation v. 12.07.2002. ABl. L 201, 37; Überblick bei Kühling et al. 2015, S. 49 ff.

9   Zur Reformgeschichte s. Albrecht und Jotzo 2017, S. 37 ff.; zum Kommissionsentwurf Hornung 2012.

10   Verordnung (EU) 2016/679 des Europäischen Parlaments und des Rates v. 27.4.2016, ABl. L 119/1, 1; ein Überblick zum Gesetzgebungsverfahren ist abrufbar unter: http://www.europarl.europa.eu/oeil/popups/ficheprocedure.do?lang=en &reference=2012/0011(OLP).

11   Der deutsche Gesetzgeber hat inzwischen durch das Gesetz zur Anpassung des Datenschutzrechts an die Verordnung (EU) 2016/679 und zur Umsetzung der Richtlinie (EU) 2016/680 (Datenschutz-Anpassungs- und -Umsetzungsgesetz EU – DSAnpUG-EU) vom 30.6.2017, BGBl. I Nr. 44, mit Wirkung zum 25.5.2018 die obsoleten deutschen Regelungen aufgehoben, allerdings erheblich Gebrauch von der durch die Datenschutz-Grundverordnung eröffneten Möglichkeit gemacht, im Rahmen nationaler Öffnungsklauseln Ausnahmen und Abweichungen zu normieren; s. näher den Regierungsentwurf, BT-Drs. 18/11325 sowie die Beschlussempfehlung des Innenausschusses, BT-Drs. 18/12084; Überblick bei Greve 2017.

Person beziehen. Eine Person ist identifizierbar, wenn sie direkt oder indirekt, insbesondere mittels Zuordnung zu einer Kennung wie einem Namen, zu einer Kennnummer, zu Standortdaten, zu einer Online-Kennung oder zu einem oder mehreren besonderen Merkmalen identifiziert werden kann, die Ausdruck der physischen, physiologischen, genetischen, psychischen, wirtschaftlichen, kulturellen oder sozialen Identität dieser natürlichen Person sind.[12] Eine Person kann identifiziert werden, wenn sie sich von allen anderen Personen einer Gruppe eindeutig unterscheiden lässt (Art. 29-Datenschutzgruppe 2007, S. 14; Roßnagel 2013, S. 563). Werden dagegen anonyme Daten verarbeitet, finden die datenschutzrechtlichen Vorschriften keine Anwendung.[13]

4.2 Allgemeine Grundsätze zur Verarbeitung personenbezogener Daten

Eine Vorschrift, die ausdrücklich Big Data-Anwendungen adressiert, sucht man in der Datenschutz-Grundverordnung vergeblich. Der Gesetzgeber hat sich bewusst für einen technologieneutralen Ansatz entschieden, nach dem der Schutz personenbezogener Daten nicht von der verwendeten Technik abhängig sein soll (EwG 15 DS-GVO; Marnau 2016, S. 431; zum technologieneutralen Ansatz s. Sydow und Kring 2014). Big Data-Verfahren müssen sich daher wie jede andere Verarbeitung personenbezogener Daten an den allgemeinen datenschutzrechtlichen Grundsätzen messen lassen.[14] In Art. 5 DS-GVO legt die Datenschutz-Grundverordnung verschiedene derartige Grundsätze für die Verarbeitung personenbezogener Daten fest, von denen viele unmittelbar aus Art. 8 EUGRCh abgeleitet werden können.[15] Von ihrer Wesensart weisen die Grundsätze in Art. 5 DS-GVO einen Doppelcharakter auf (Frenzel, in Paal/Pauly 2017, Art. 5, Rn. 1). Zum einen sind sie Programmsätze, die mit Kernbegriffen (Albrecht und Jotzo 2017, S. 50) das

---

12 Die mit der Verwendung des Begriffs „Identität" angesprochenen Instrumente und Diskurse des elektronischen Identitätsmanagements bedürften nach wie vor weiterer Forschungsarbeiten. S. näher die Beiträge in Hornung und Engemann 2016.

13 EwG 26 DS-GVO; zu anonymen Daten s. Kapitel 5.1.

14 So auch ausdrücklich Art. 29-Datenschutzgruppe 2014b, S. 2.

15 So finden sich die Grundsätze Rechtmäßigkeit, Treu und Glauben sowie Zweckbindung in Art. 8 Abs. 2 S. 1 EUGRCh, während sich die Grundsätze Transparenz und Richtigkeit aus Art. 8 Abs. 2 S. 2 EUGRCh ableiten lassen.

elementare Regelungsprogramm der Datenschutz-Grundverordnung beschreiben, zum anderen handelt es sich um verbindliche Regelungen, deren
Nichtbefolgung mit Bußgeld sanktioniert werden kann.[16]

Nach Art. 5 Abs. 1 a) DS-GVO müssen personenbezogene Daten auf
rechtmäßige Weise verarbeitet werden. Jede Datenverarbeitung muss sich
danach auf eine Rechtsgrundlage stützen können, andernfalls ist sie verboten (Prinzip der *Rechtmäßigkeit*; bisher in Deutschland als Verbotsprin-
zip bekannt) (Buchner 2016, S. 157; Ziegenhorn und Heckel 2016, S. 1587).
Eine Rechtsgrundlage für die Datenverarbeitung kann sich – wie auch EwG
40 DS-GVO angibt – entweder aus der Datenschutz-Grundverordnung oder
dem sonstigen Unionsrecht oder aus dem Recht der Mitgliedstaaten ergeben. In der Datenschutz-Grundverordnung ist Art. 6 DS-GVO die zentrale
Vorschrift zur Zulässigkeit der Datenverarbeitung von personenbezogenen
Daten.[17] Nach Art. 6 Abs. 1 DS-GVO ist die Verarbeitung nur rechtmäßig,
wenn sie auf einer Einwilligung der betroffenen Person beruht (Art. 6 Abs.
1 a) DS-GVO) oder wenn sie zur Vertragserfüllung oder zum Vertragsab-
schluss (Art. 6 Abs. 1 b) DS-GVO), zur Erfüllung rechtlicher Verpflichtungen (Art. 6 Abs. 1 c) DS-GVO), zum Schutz lebenswichtiger Interessen (Art.
6 Abs. 1 d) DS-GVO), zur Wahrnehmung öffentlicher Aufgaben (Art. 6 Abs.
1 e) DS-GVO) oder zur Wahrung berechtigter Interessen (Art. 6 Abs. 1 f)
DS-GVO) erforderlich ist (Frenzel, in Paal/Pauly 2017, Art. 6, Rn. 1 ff.).

Ebenfalls in Art. 5 Abs. 1 a) DS-GVO ist die Vorgabe der *Verarbeitung
nach Treu und Glauben* normiert. Diese bereits in der Datenschutz-Richtlinie enthaltene Vorgabe gibt es bislang im deutschen Recht jedenfalls nicht
in expliziter Form. Ob ihm in Zukunft eine selbstständige Bedeutung – beispielsweise als Pflicht zur Fairness insbesondere im Bereich von Macht-
ungleichgewichten, beispielsweise gegenüber Verbrauchern – zukommen
wird, bleibt abzuwarten.

Art. 5 Abs. 1 a) DS-GVO enthält schließlich die Vorgabe, dass die Verarbeitung personenbezogener Daten für die betroffene Person transparent
sein muss. Sie soll die Möglichkeit haben, zu erfahren, ob, von wem und zu

---

16 Vgl. Art. 83 Abs. 5 a) DS-GVO; kritisch zur Sanktionierung wegen fehlender
    Bestimmtheit von Art. 5 DS-GVO s. Frenzel, in Paal/Pauly 2017, Art. 5, Rn. 2.

17 Werden besondere Kategorien personenbezogener Daten oder personenbezogene
    Daten über strafrechtliche Verurteilungen und Straftaten verarbeitet, sind zudem
    die speziellen Art. 9 und 10 DS-GVO zu beachten.

welchem Zweck, „[sie] betreffende personenbezogene Daten erhoben, verwendet, eingesehen oder anderweitig verarbeitet werden und in welchem Umfang die personenbezogenen Daten verarbeitet werden und künftig noch verarbeitet werden" (EwG 39 DS-GVO). Die elementare Bedeutung diese Transparenzprinzips hob schon das Bundesverfassungsgericht im Volkszählungsurteil hervor, als es formulierte: „Mit dem Recht auf informationelle Selbstbestimmung wären eine Gesellschaftsordnung und eine diese ermöglichende Rechtsordnung nicht vereinbar, in der Bürger nicht mehr wissen können, wer was wann und bei welcher Gelegenheit über sie weiß" (Bundesverfassungsgericht 1983, S. 42). Die geschaffene Transparenz ist kein Selbstzweck, sondern soll nach EwG 63 DS-GVO der betroffenen Person ermöglichen, die sie betreffende Datenverarbeitung nachzuvollziehen, zu kontrollieren und gegebenenfalls mit Hilfe ihre Betroffenenrechte zu steuern. Oder anders gewendet: „Ohne Transparenz wird die betroffene Person faktisch rechtlos gestellt" (Roßnagel et al. 2001, S. 82).

Nach Art. 5 Abs. 1 b) DS-GVO müssen personenbezogene Daten für festgelegte, eindeutige und legitime Zwecke erhoben werden und dürfen nicht in einer mit diesen Zwecken nicht zu vereinbarenden Weise weiterverarbeitet werden. Dieser Grundsatz der *Zweckbindung* soll mögliche Daten- und Informationsströme eingrenzen (Britz 2009, S. 10; Frenzel, in Paal/Pauly 2017, Art. 5, Rn. 23). Diese Umzäunung wird durch das Zusammenspiel mit den Grundsätzen der Datenminimierung und der Speicherbegrenzung bewirkt (Art. 29-Datenschutzgruppe 2013, S. 4; Taeger 2014, S. 85). Indem der Verantwortliche für die Datenverarbeitung einen bestimmten Zweck festlegen muss und (grundsätzlich) daran gebunden bleibt, werden die Art, der Umfang und die Speicherdauer derjenigen Daten eingeschränkt, die auf zulässige Weise verarbeitet werden dürfen. Solche Daten, die hinsichtlich des festgelegten Zwecks nicht angemessen und erheblich sowie auf das notwendige Maß beschränkt sind, dürfen nicht verarbeitet werden. Dasselbe gilt für Daten, die in Bezug auf den festgelegten Zweck nicht mehr erforderlich sind. Die Festlegung des Verarbeitungswecks bestimmt daher den Kreis der künftig zulässigen Datenverarbeitung (Art. 29-Datenschutzgruppe 2013, S. 4; Monreal 2016, S. 509). Eine spätere Weiterverarbeitung der personenbezogenen Daten zu anderen als den ursprünglichen Zwecken ist zwar nicht strikt ausgeschlossen, jedoch ist die Zweckänderung nur unter den strengen Voraussetzungen von Art. 5 Abs. 1 b) DS-GVO und Art. 6 Abs. 4 DS-GVO möglich.

Gemäß Art. 5 Abs. 1 c) DS-GVO müssen personenbezogene Daten dem Zweck angemessen und erheblich sowie auf das für die Zwecke der Verarbeitung notwendige Maß beschränkt sein. Entsprechend diesem Grundsatz der *Datenminimierung* muss der Verantwortliche zunächst prüfen, ob zur Erreichung des Zwecks überhaupt personenbezogene Daten erforderlich sind. So formuliert EwG 39 DS-GVO ausdrücklich, dass personenbezogene Daten nur dann verarbeitet werden dürfen, wenn der Zweck der Verarbeitung nicht in zumutbarer Weise durch andere Mittel – also beispielsweise durch die Verarbeitung anonymer Daten – erreicht werden kann. Sollte diese Prüfung negativ ausfallen, dann sind die zu verarbeitenden personenbezogenen Daten auf das notwendige Maß zu beschränken. Es sollen so wenige Daten wie möglich, aber so viele wie zur Zweckerreichung unbedingt nötig verarbeitet werden.

Um eine zeitliche Beschränkung wird das Prinzip der Datenminimierung durch den Grundsatz der *Speicherbegrenzung* nach Art. 5 Abs. 1 e) DS-GVO ergänzt. Danach müssen personenbezogene Daten in einer Form gespeichert werden, die die Identifizierung der betroffenen Personen nur so lange ermöglicht, wie es für die Zwecke, für die sie verarbeitet werden, erforderlich ist. Im Anschluss sind die Daten zu löschen oder zu anonymisieren.

Nach Art. 5 Abs. 1 d) DS-GVO müssen personenbezogene Daten sachlich richtig und erforderlichenfalls auf dem neuesten Stand sein (Hoeren 2016a; Hoeren 2016b). Der Grundsatz der *Datenrichtigkeit* soll gewährleisten, dass die personenbezogenen Daten die Realität richtig abbilden und ausschließen, dass die betroffene Person durch die Verwendung fehlerhafter Daten Nachteile erleidet (Frenzel, in Paal/Pauly 2017, Art. 5, Rn. 39; Schantz, in Wolff/Brink 2017, Art. 5 DS-GVO, Rn. 27; Mallmann, in Simitis 2014, § 20, Rn. 14).

Gemäß Art. 5 Abs. 1 f) DS-GVO müssen personenbezogene Daten in einer Weise verarbeitet werden, die eine angemessene Sicherheit der personenbezogenen Daten gewährleistet (mit Bezug auf Big Data: ENISA 2015). Die betroffene Person soll durch diesen Grundsatz der *Integrität und Vertraulichkeit* davor geschützt werden, dass Dritte unbefugt auf ihre personenbezogenen Daten zugreifen können. Aus diesem Grund sind geeignete technische und organisatorische Maßnahmen zu treffen, die insbesondere Schutz vor unbefugter oder unrechtmäßiger Verarbeitung und vor unbeabsichtigtem Verlust, unbeabsichtigter Zerstörung oder unbeabsichtigter Schädigung gewährleisten (ENISA 2016).

Nach Art. 5 Abs. 2 DS-GVO ist der Verantwortliche schließlich für die Einhaltung der Grundprinzipien der Datenverarbeitung nach Art. 5 Abs. 1 DS-GVO verantwortlich und muss dessen Einhaltung nachweisen können. Dieser im Deutschen *Rechenschaftspflicht* genannte Grundsatz entstammt als „accountability" dem common law (Hornung 2013, S. 188 f.) und wird in Zukunft mutmaßlich erheblichen Einfluss auf die Verhaltens- und Nachweispflichten der Verantwortlichen haben.[18]

4.3 Sonderregelungen für Archive, wissenschaftliche oder historische Forschung und Statistik

Die Datenschutz-Grundverordnung sieht an vielen Stellen besondere Regelungen für die Datenverarbeitung zu im öffentlichen Interesse liegenden Archivzwecken, zu wissenschaftlichen oder historischen Forschungszwecken und zu statistischen Zwecken vor (Albrecht und Jotzo 2017, S. 81 ff.). Hintergrund ist, dass eine Datenverarbeitung zu diesen Zwecken sehr häufig in großem Umfang personenbezogene Daten als „Ausgangsmaterial" benötigt, die allgemeinen Grundsätze (beispielsweise die strikte Zweckbindung und die Löschungspflichten) aber zu einer erheblichen Einschränkung führen würden. Da die Datenverarbeitung in diesen Bereichen regelmäßig auf die Gewinnung allgemeiner, anonymer Erkenntnisse zielt, besteht überdies eine – typisiert – geringere Gefährdungslage, die den Gesetzgeber zu Sonderregeln für diese „privilegierten" Zwecke motiviert hat.

So stellt Art. 5 Abs. 1 b) DS-GVO eine Erleichterung für eine Zweckänderung zu den privilegierten Zwecken dar, während Art. 5 Abs. 1 e) DS-GVO die zulässige Speicherzeit verlängert. In Art. 14 Abs. 5 b) DS-GVO und Art. 17 Abs. 3 d) DS-GVO werden ferner die Rechte der betroffenen Person auf Informationserteilung und Löschung begrenzt, wenn dies den Zweck vereiteln oder unverhältnismäßigen Aufwand verursachen würde. Weitere, ähnliche Einschränkungen von Betroffenenrechten ergeben sich zudem aus Art. 89 Abs. 2 bis 4 DS-GVO i.V.m. §§ 27 f. BDSG (neu). Diese Privilegierungen greifen jedoch nur nach Maßgabe des Art. 89 Abs. 1 DS-GVO (Pauly, in Paal/Pauly 2017, Art. 89, Rn. 1). Dieser stellt einen Ausgleich für die gewährten Erleichterungen dar und verpflichtet den Verantwortlichen, geeignete Garantien für die Rechte und Freiheiten der Betroffenen vorzunehmen.

---

18 Zum Grundsatz und seinen Ausprägungen vgl. Art. 29-Datenschutzgruppe, WP 173, 2010.

Die Sonderregelungen zu wissenschaftlichen Forschungszwecken und zu statistischen Zwecken können unter Umständen auch für Big Data-Analysen nutzbar gemacht werden, wenn und soweit diese zu „wissenschaftlichen Forschungszwecken" eingesetzt werden. Was unter diesem Begriff zu verstehen ist, ergibt sich weder aus Art. 89 DS-GVO noch aus den Begriffsbestimmungen in Art. 4 DS-GVO. Aus EwG 159 DS-GVO folgt jedoch, dass die Verarbeitung personenbezogener Daten zu wissenschaftlichen Forschungszwecken weit auszulegen ist und die Verarbeitung für beispielsweise die technologische Entwicklung und die Demonstration, die Grundlagenforschung, die angewandte Forschung und die privat finanzierte Forschung einschließen sollte. Aus europäischer Perspektive ist vor dem Hintergrund von Art. 13 EUGRCh wissenschaftliche Forschung jedenfalls als „Tätigkeit mit dem Ziel, in methodischer, systematischer und nachprüfbarer Weise neue Erkenntnisse zu gewinnen" zu verstehen (Jarass, in Jarass 2016, Art. 13, Rn. 6; Hornung und Hofmann 2017, S. 4 f.; Pauly, in Paal/Pauly 2017, Art. 89, Rn. 3). Unter dem Begriff „statistische Zwecke" ist gemäß EwG 162 DS-GVO jeder für die Durchführung statistischer Untersuchungen und die Erstellung statistischer Ergebnisse erforderliche Vorgang der Erhebung und Verarbeitung personenbezogener Daten zu verstehen. Diese statistischen Ergebnisse können für verschiedene Zwecke, so auch für wissenschaftliche Forschungszwecke, weiterverwendet werden. Im Zusammenhang mit den statistischen Zwecken wird jedoch vorausgesetzt, dass die Ergebnisse der Verarbeitung zu diesen Zwecken keine personenbezogenen Daten, sondern aggregierte Daten sind und diese Ergebnisse oder personenbezogenen Daten nicht für Maßnahmen oder Entscheidungen gegenüber einzelnen natürlichen Personen verwendet werden.

Ob diese Anforderungen auf die Verarbeitung von personenbezogenen Daten im Rahmen von Big Data-Analysen zutreffen, kann nicht pauschal beantwortet werden, sondern ist unter Berücksichtigung des Einsatzkontextes und aller Umstände des Einzelfalls zu beurteilen (dazu auch Richter 2016, S. 584; zur Anwendung auf die Markt- und Meinungsforschung s. Hornung und Hofmann 2017, S. 4). Sofern dies jedoch zutreffen sollte, können sich solche Big Data-Analysen auf die privilegierten Sonderregelungen für wissenschaftliche Forschungszwecke und für statistische Zwecke stützen (kritisch Culik und Döpke 2017, S. 230; Albrecht und Jotzo 2017, S. 81). Dies erleichtert insbesondere die „Sekundärnutzung" von Daten, die für andere Zwecke erhoben wurden. Überdies werden Möglichkeiten für die mittel- und langfristige Datenanalyse eröffnet, da die Speicherbegrenzungen weniger strikt sind.

5   Herausforderungen durch Big Data

Die beschriebenen allgemeinen Anforderungen – und die detaillierten Vorgaben der Datenschutz-Grundverordnung – gelten auch für die Verarbeitung personenbezogener Daten bei Big Data. Diese stellt die hergebrachten Verarbeitungsgrundsätze allerdings vor erhebliche Herausforderungen (Roßnagel 2013; Martini 2014; Weichert 2013; Europäischer Datenschutzbeauftragter 2015; Dix 2016; Europarat 2016; Raabe und Wagner 2016; Werkmeister und Brandt 2016; Hornung 2017). Das lässt sich an drei ausgewählten Beispielen verdeutlichen.

5.1   Kombination „anonymer" und öffentlich verfügbarer Daten

Das erste Grundproblem betrifft schon den Anwendungsbereich des Datenschutzrechts. Nach Art. 2 Abs. 1 DS-GVO unterfallen Big Data-Verfahren dem Datenschutzrecht nur dann, wenn sie personenbezogene Daten im Sinne von Art. 4 Nr. 1 DS-GVO verarbeiten (s.o. Kapitel 4.1) . Als „Königsweg" zur Herstellung datenschutzrechtlicher Zulässigkeit wird daher die Auflösung des Personenbezugs durch Anonymisierung vorgeschlagen (Martini 2014, S. 1487; s.a. Roßnagel 2013, S. 563 f.; Brisch und Pieper 2015, S. 727; Dammann 2016, S. 313). Anonyme Daten sind solche Informationen, die sich von Beginn an nicht auf eine identifizierte oder identifizierbare natürliche Person beziehen, oder personenbezogene Daten, die in einer Weise anonymisiert worden sind, dass die betroffene Person nicht oder nicht mehr identifiziert werden kann.[19] Um festzustellen, ob eine natürliche Person identifizierbar ist, sind ausweislich EwG 26 DS-GVO alle Mittel zu berücksichtigen, die von dem Verantwortlichen oder einer anderen Person nach allgemeinem Ermessen wahrscheinlich genutzt werden, um die natürliche Person direkt oder indirekt zu identifizieren.[20] Für die Prüfung, ob

---

19   Zur Identifizierbarkeit s. Roßnagel 2013, S. 563 f.; zu Anonymisierungstechniken s. Art. 29-Datenschutzgruppe 2014.

20   Zur Frage, unter welchen Voraussetzungen das Zusatzwissen Dritter zu berücksichtigen ist s. Europäischer Gerichtshof 2016, S. 3581.

Mittel nach allgemeinem Ermessen wahrscheinlich zur Identifizierung der natürlichen Person genutzt werden, sind alle objektiven Faktoren, wie der finanzielle und zeitliche Aufwand sowie die zum Zeitpunkt der Verarbeitung verfügbare Technologie und künftige technologische Entwicklungen zu berücksichtigen. Bei Big Data-Anwendungen könnte sich dieser Königsweg daher sprichwörtlich als Holzweg erweisen, denn das Volumen und die Dynamik der Datenbestände sowie die leistungsstarke Technologie machen eine wirksame Anonymisierung besonders anspruchsvoll.

Der Hauptnutzen von Big Data-Anwendungen besteht darin, auf eine möglichst große Datenbasis (*Volume*) zugreifen zu können und durch verschiedene Kombinationen unterschiedlicher Datensätze gesuchte, aber auch – und gerade – nicht gesuchte Erkenntnisse zu gewinnen (Roßnagel 2013, S. 562; Boehme-Neßler 2016, S. 421 f.). Der Umstand, dass die (auch öffentlich verfügbaren) vorhandenen Datenbestände immer größer werden, führt jedoch auch dazu, dass es immer schwerer wird, die Identifizierbarkeit von Betroffenen auszuschließen (Dammann 2016, S. 313). Je größer die zur Verfügung stehende Datenbasis ist und je mehr Möglichkeiten bestehen, die verschiedenen Datensätze miteinander zu verknüpfen, desto vielfältiger sind auch die möglichen Erkenntnisse und Rückschlüsse, die dazu führen können, dass bestimmte Personen identifizierbar sind (Martini 2014, S. 1482, 1487; Marnau 2016, S. 428; Sarunski 2016, S. 427).

Ein prominentes Beispiel hierfür ist der „*Netflix* Prize"-Fall (SPIEGEL ONLINE 2007; Narayanan und Shmatikov 2008). Der US-amerikanische Online-Filmverleih Netflix initiierte im Jahr 2006 einen Wettbewerb, um seinen Filmempfehlungsalgorithmus zu verbessern. Der zugrundeliegende Algorithmus analysierte die individuelle Leihhistorie des Kunden und empfahl ihm auf dieser Grundlage neue Filme entsprechend seiner vermutlichen Vorlieben. Für eine Verbesserung dieses Algorithmus um mindestens zehn Prozent lobte Netflix ein Preisgeld in Höhe von einer Million US-Dollar aus und stellte den Teilnehmern zu Testzwecken etwa 100 Millionen vermeintlich anonymisierte Filmbewertungen von knapp einer halben Million Netflix-Kunden zur Verfügung. Zwei Forschern der University of Texas in Austin gelang es jedoch, die „anonymen" Filmbewertungen einigen bestimmten Personen zuzuordnen. Dazu glichen sie die von Netflix bereitgestellten Filmbewertungen mit den öffentlich zugänglichen Filmbewertungen des Kinoportals Internet Movie Database (IMDb) ab, bei dem viele Rezensenten ihre Klarnamen verwendeten. Dabei stellten sie fest, dass

sich Netflix-Kunden anhand der Bewertungen von sechs weniger geläufigen Filmen zu 84 Prozent identifizieren ließen. Konnte zusätzlich noch auf
das Datum der Filmbewertung zugegriffen werden, stieg die Identifizierbarkeit auf 99 Prozent. Darüber hinaus war es möglich, aus den scheinbar
trivialen Filmbewertungen eine Vielzahl von Informationen abzuleiten, die
aus Sicht des Datenschutzrechts als besonders schützenswert einzustufen
sind.[21] So lassen sich aus den Bewertungen der Filme „Power and Terror:
Noam Chomsky in Our Times" und „Fahrenheit 9/11" Rückschlüsse auf die
politische Meinung des Kunden ziehen. Die Filmbewertungen zu „Jesus of
Nazareth" und „The Gospel of John" legen eine bestimmte religiöse Über-
zeugung nahe, während die Filme „Bent" and „Queer as folk" auf eine bestimmte sexuelle Orientierung bzw. bei schlechter Filmkritik auf eine Ab-
lehnung derselben hindeuten.

Die Aufdeckung solch sensibler Informationen droht nicht nur bei der
Analyse von Filmkritiken, sondern beispielsweise auch bei der Verknüpfung von Standortdaten mit öffentlich zugänglichen Daten von Facebook-
Inhalten und Googlemaps-Standorten von religiösen Einrichtungen, Fach-
ärzten und einschlägigen Etablissements. Das schiere Volumen der (auch
öffentlich verfügbaren) Datenbestände und immer leistungsstärkere Ana-
lysewerkzeuge erschweren eine wirksame Anonymisierung so erheblich,
dass teilweise bezweifelt wird, ob es unter den Bedingungen von Big Data
überhaupt noch anonyme Daten geben kann (Boehme-Neßler 2016, S. 422;
Sarunski 2016, S. 424).

Darüber hinaus ist es ein typisches Merkmal von Big Data-Anwendungen, dass die verfügbaren Daten nicht nur in höchster Geschwindigkeit
analysiert werden, sondern dass auch in immer kürzerer Zeit neue Daten
erfasst und zu den vorhandenen hinzugespeichert (*Velocity*) werden. Hierbei besteht die Gefahr eines dynamischen „Hineinwachsens" in den Personenbezug (und damit in den Anwendungsbereich der Datenschutz-Grundverordnung) während der Speicherdauer (Marnau 2016, S. 429; Roßnagel

---

21 Nach Art. 9 DS-GVO ist die Verarbeitung personenbezogener Daten, aus denen
    die rassische und ethnische Herkunft, politische Meinungen, religiöse oder welt-
    anschauliche Überzeugungen oder die Gewerkschaftszugehörigkeit hervorgehen,
    sowie die Verarbeitung von genetischen Daten, biometrischen Daten zur eindeu-
    tigen Identifizierung einer natürlichen Person, Gesundheitsdaten oder Daten zum
    Sexualleben oder der sexuellen Orientierung einer natürlichen Person nur aus-
    nahmsweise und unter strengen Voraussetzungen zulässig.

2013, S. 563, 566). Werden die vorhandenen bereits anonymisierten Daten mit anderen, neuen Daten verknüpft, können letztere bewirken, dass nach der Zusammenführung genügend Merkmale vorhanden sind, um betroffene Personen zu re-identifizieren (Marnau 2016, S. 429). Ein ähnlicher Effekt kann durch das Aufkommen neuer Analysemethoden entstehen. Nach EwG 26 DS-GVO werden für die Frage des Personenbezugs „alle Mittel berücksichtigt [...], die von dem Verantwortlichen oder einer anderen Person nach allgemeinem Ermessen wahrscheinlich genutzt werden, um die natürliche Person direkt oder indirekt zu identifizieren". Diese Wahrscheinlichkeit hat aber nicht nur etwas mit dem Interesse an einer Identifizierung, sondern auch mit dem erforderlichen Aufwand zu tun, und dieser sinkt durch neue, effiziente und kostengünstige Werkzeuge zur Datenauswertung (vgl. auch Hammer und Knopp 2015, 506 f.).

Selbst wenn beide Effekte nicht in jedem Einzelfall eintreffen sollten, besteht bei großen Datenmengen die Gefahr, dass schon einzelne personenbezogene Datensätze ganze Datenbanken oder Anwendungen „infizieren" und dem Datenschutzrecht unterwerfen (Sarunski 2016, S. 427; Martini 2014, S. 1487). Für die Verantwortlichen ist dies ein erhebliches Risiko, da sie gegebenenfalls selbst den Zeitpunkt nicht erkennen, in dem eine für die Anwendbarkeit hinreichende Wahrscheinlichkeit der Re-Identifizierung eintritt und man überdies über den hierfür erforderlichen Wahrscheinlichkeitsgrad praktisch immer wird streiten können (Roßnagel 2013, S. 566).

Der Verantwortliche sollte sich daher zu Beginn der Big Data-Analyse entscheiden, ob die zu verarbeitenden personenbezogenen Daten identifizierbar bleiben können oder anonymisiert werden sollen. Hierfür erscheint es sinnvoll, für bestimmte Bereiche Fallgruppen mit Positiv- und Negativbeispielen zu entwickeln. Dabei sollte insbesondere berücksichtigt werden, wie wahrscheinlich die Aufdeckung sensibler Informationen über eine bestimmte Person ist. Um Risiken wie beim „Netflix Prize" abzumildern, sollte der Verantwortliche bei der Offenlegung von Daten weitere rechtliche Maßnahmen ergreifen.[22] So könnte beispielsweise der Zugriff auf den offengelegten Datenbestand davon abhängig gemacht werden, dass sich der Empfänger sanktionsbewehrt dazu verpflichtet, etwaige Versuche zur Re-Identifizierung zu unterlassen (Roßnagel 2013, S. 566; Internationale Ar-

---

22 Zu berücksichtigende Aspekte vor der Offenlegung bei Information Commissioner's Office (ICO) 2011, S. 15.

beitsgruppe für Datenschutz in der Telekommunikation 2014; Brisch und Pieper 2015, S. 729). Erfolgt versehentlich eine Re-Identifizierung, sollte er verpflichtet sein, den Verantwortlichen darüber zu informieren. Sollen die Daten anonymisiert werden, ist im Fortgang die Verknüpfung mit anderen Daten sorgfältig zu begrenzen und zu kontrollieren. Werden die vorhandenen Daten fortlaufend mit neuen Daten angereichert, dann löst dies prinzipiell bei jedem Informationszufluss eine neue Prüfungspflicht zur Identifizierbarkeit aus. In diesem Fall erscheint es für den Verantwortlichen sinnvoller, vorsorglich von einem Personenbezug auszugehen und die datenschutzrechtlichen Vorschriften zu beachten.

5.2   Analysen zu immer neuen und zu unbekannten Zwecken

Das zweite Grundproblem betrifft die Zielrichtung von Big Data-Analysen. In der Logik vieler Visionen von Big Data liegt es, möglichst viele Daten zu neuen, oft unbekannten Zwecken zu erheben, zu analysieren und aufzubewahren, um sie in der Zukunft mit weiteren Daten kombinieren zu können. Derartige explorative Datenanalysen lassen sich so beschreiben, dass Daten ohne vorher festgelegte Analyseziele oder Problemstellungen ausgewertet und die gewonnenen Erkenntnisse anschließend für beliebige Zwecke verwendet werden sollen. Diese Form von Analysen „soll die Daten sprechen […] lassen, um beeindruckende Antworten auf Fragen zu erhalten, die man nicht einmal vorher stellen musste" (Dorschel et al. 2015, S. 75; ähnlich auch Mayer-Schönberger 2015, S. 15). Bezüglich der datenschutzrechtlichen Zulässigkeit ist hier zu differenzieren.

Explorative Datenanalysen – also solche zu unbekannten Zwecken – sind bei der Verarbeitung personenbezogener Daten aus datenschutzrechtlicher Sicht unzulässig (Dix 2016, S. 61). Sie verstoßen nicht nur in elementarer Weise gegen den Zweckbindungsgrundsatz in Art. 5 Abs. 1 b) DS-GVO, sondern untergraben auch diverse andere wichtige Schutzprinzipien der Datenschutz-Grundverordnung. Der Zweck der Datenverarbeitung ist „Dreh- und Angelpunkt"[23] des Datenschutzrechts. Wer über ihn und die Mittel der Datenverarbeitung entscheidet, ist Verantwortlicher im Sinne von Art. 4 Nr. 7 DS-GVO. Der Verarbeitungszweck ist der Bezugspunkt für die Daten-

---

23 Frenzel, in Paal/Pauly 2017, Art. 5, Rn. 23; ähnlich auch Schantz, in Wolff/Brink 2017, Art. 5 DS-GVO, Rn. 13, der die Orientierung am Zweck der Verarbeitung als das „beherrschende Konstruktionsprinzip" des Datenschutzrechts ansieht.

minimierung nach Art. 5 Abs. 1 c) DS-GVO, für die Datenrichtigkeit nach Art. 5 Abs. 1 d) DS-GVO und für die Speicherbegrenzung nach Art. 5 Abs. 1 e) DS-GVO. Er ist ein wichtiger Aspekt der Transparenzpflichten des Verantwortlichen nach Art. 5 Abs. 1 a) DS-GVO i.V.m. Art. 12 ff. DS-GVO und bestimmt den Anwendungsbereich der Rechtsgrundlagen nach Art. 5 Abs. 1 a) DS-GVO i.V.m. Art. 6 Abs. 1 DS-GVO (Dammann 2016, S. 311). Entlässt man den Verantwortlichen aus der Verpflichtung, sich vor der Datenverarbeitung für einen oder mehrere bestimmte Zwecke zu entscheiden, schafft man nicht nur einen bekannten und bewährten Schutzmechanismus ab, sondern bringt auch die Statik des gesamten Datenschutzrechts in seiner jetzigen Konzeption ins Wanken. Aus diesem Grund sind explorative Analysen zu völlig ungeklärten Zwecken, die personenbezogene Daten verarbeiten, kategorisch unzulässig.

Diese strikte Vorgabe führt allerdings in der Praxis zu weniger starken Einschränkungen, als es zunächst klingt. Etwas anders gilt nämlich für die Verarbeitung von personenbezogenen Daten zu neuen, aber klar umrissenen Zwecken. Aus Art. 5 Abs. 1 b) und Art. 6 Abs. 4 DS-GVO folgt, dass die Datenschutz-Grundverordnung eine spätere Zweckänderung nicht strikt ausschließt, sondern sie unter bestimmten Voraussetzungen erlaubt (Monreal 2016 , S. 509; Culik und Döpke 2017, S. 228). Zu unterscheiden ist dabei zwischen einer Weiterverarbeitung zu anderen privilegierten und anderen sonstigen Zwecken. Nach Art. 5 Abs. 1 b) DS-GVO gilt eine Weiterverarbeitung für im öffentlichen Interesse liegende Archivzwecke, für wissenschaftliche oder historische Forschungszwecke oder für statistische Zwecke gemäß Art. 89 Abs. 1 DS-GVO nicht als unvereinbar mit den ursprünglichen Zwecken (s. schon oben Kapitel 4.3). Sollte sich dabei ergeben, dass das Big Data-Verfahren zu wissenschaftlichen Forschungszwecken oder zu statistischen Zwecken erfolgt, ist zu beachten, dass die Privilegierung des Art. 5 Abs. 1 b) DS-GVO nur greift, wenn der Verantwortliche auch die kompensatorischen technischen und organisatorischen Maßnahmen des Art. 89 Abs. 1 DS-GVO trifft (Pauly, in Paal und Pauly 2017, Art. 89, Rn. 1.).

Sollten diese privilegierten Zwecke nicht für die konkrete Big Data-Analyse anwendbar sein, dann ist eine Weiterverarbeitung zu sonstigen Zwecken noch nach Art. 6 Abs. 4 DS-GVO in drei Varianten möglich. Erstens kann die Zweckänderung auf der Einwilligung der betroffenen Person beruhen. Zweitens kann sie aufgrund einer Rechtsvorschrift der Union oder eines Mitgliedstaats zulässig sein. Schließlich ist drittens die Zweckänderung erlaubt, wenn eine Vereinbarkeitsprüfung zwischen den ursprünglichen (Primärzwecke) und den neuen Zwecken (Sekundärzwecke) positiv ausfällt. In Art. 6 Abs. 4 a) bis e) DS-GVO findet sich ein explizit nicht abschließender („unter anderem") Katalog mit Kriterien, die bei der Prüfung zu berücksichtigen sind. Dazu gehören die Verbindung zwischen den Zwecken, der Zusammenhang, in dem die personenbezogenen Daten erhoben wurden, die möglichen Folgen der beabsichtigten Weiterverarbeitung für die betroffenen Personen sowie das Vorhandensein geeigneter Garantien (Monreal 2016, S. 510 f.). Sollte die Vereinbarkeitsprüfung ergeben, dass die Primär- und die Sekundärzwecke miteinander vereinbar sind, ist für die Weiterverarbeitung zu neuen Analysezwecken nach umstrittener Ansicht keine gesonderte Rechtsgrundlage erforderlich als diejenige für die Erhebung der personenbezogenen Daten.[24]

Der Zweckbindungsgrundsatz steht der Durchführung von Big Data-Analysen also weniger streng entgegen als es zunächst scheint. Zwar sind richtigerweise explorative Datenanalysen unzulässig, jedoch kann der Verantwortliche mit der Verarbeitung personenbezogener Daten mehrere Zwecke gleichzeitig verfolgen. Er sollte daher nicht nur solche Zwecke festlegen, die er bereits heute verfolgt, sondern vorausschauend schon solche benennen, die er womöglich erst in naher Zukunft anstrebt, wenn sie schon heute absehbar sind. Sollen die personenbezogenen Daten künftig für andere Zwecke verarbeitet werden, greift für bestimmte Big Data-Verfahren die Privilegierung für wissenschaftliche Forschungszwecke und statistische Zwecke. Eine Weiterverarbeitung zu anderen Zwecken könnte zudem durch Einwilligung, durch Rechtsvorschrift oder aufgrund einer positiven Kompatibilitätsprüfung gerechtfertigt sein. In der Gesamtbetrachtung ist daher festzustellen, dass der Zweckbindungsgrundsatz nach der Datenschutz-Grundverordnung bestimmte Big Data-Analysen zu neuen Zwecken erlaubt, ohne dabei den Schutz der betroffenen Personen außer Acht zu lassen (dazu auch Dammann 2016, S. 314).

---

24 Vgl. EwG 50 DS-GVO; so im Ergebnis auch Hornung und Hofmann 2017, S. 7 f. mit Darstellung der unterschiedlichen Ansichten.

5.3 Einsatz komplexer Algorithmen

Das dritte Grundproblem bezieht sich auf die Transparenz von Big Data. Das betrifft nicht nur die schiere Masse der Daten, die für die betroffenen Personen kaum durchschaubar sind und so mit der fundamentalen Vorgabe des Bundesverfassungsgerichts in Konflikt kommen, dass Bürgerinnen und Bürger wissen sollen, „wer was wann und bei welcher Gelegenheit über sie weiß" (s. dazu Kapitel 3.1 und 4.2). Intransparent sind auch die verwendeten, immer komplexeren Algorithmen und die Mechanismen des autonomen Lernens, durch die sie sich verändern. Das kann dazu führen, dass die betroffenen Personen das Zustandekommen von Entscheidungen nicht nachvollziehen können (Martini 2014, 1484; Europäischer Datenschutzbeauftragter 2015, S. 8 ff.).

Um dem entgegenzuwirken und Transparenz zu gewährleisten, sehen Art. 13 und 14 DS-GVO verschiedene Informationspflichten des Verantwortlichen und Art. 15 DS-GVO ein Auskunftsrecht der betroffenen Person vor, die sich auch auf „aussagekräftige Informationen über die involvierte Logik" von automatisierten Entscheidungen erstrecken (Marnau 2016, S. 432). Im Fall von Big Data-Analysen bestehen jedoch insbesondere ein rechtliches und ein tatsächliches Problem:

Erstens birgt der Transparenz-Grundsatz – rechtlich – dort Konfliktpotenzial, wo dem berechtigten Informationsinteresse der betroffenen Person gleichfalls berechtigte Geheimhaltungsinteressen des Verantwortlichen gegenüberstehen (Europäischer Datenschutzbeauftragter 2015, S. 8). Werden Big Data-Analysen mittels hochkomplexer Algorithmen durchgeführt, sind diese häufig als Betriebs- und Geschäftsgeheimnisse geschützt und müssen zumindest nach geltendem Recht nicht aufgedeckt werden.[25] Die Datenschutz-Grundverordnung erkennt die Problematik zwar in EwG 63 DS-GVO,[26] führt sie jedoch keiner Lösung zu. Auch der Europäische Gerichtshof

---

25 Vgl. zum Umfang des Auskunftsanspruchs gegen die SCHUFA Bundesgerichtshof 2014 (kein Auskunftsanspruch hinsichtlich der Scoreformel, also die abstrakte Methode der Scorewertberechnung); auch auf europäischer Ebene ist der Schutz von Betriebs- und Geschäftsgeheimnissen ist durch Art. 16 EUGRCh verfassungsrechtlich anerkannt (s. Jarass, in Jarass 2016, Art. 16, Rn. 9).

26 Dieser lautet: „Dieses Recht [Anmerkung der Autoren: das Auskunftsrecht gemäß Art. 15 DS-GVO] sollte die Rechte und Freiheiten anderer Personen, etwa Geschäftsgeheimnisse oder Rechte des geistigen Eigentums und insbesondere das

hat das Verhältnis der widerstreitenden Positionen noch nicht abschließend bewertet, auch wenn der Konflikt (nahezu wortgleich) bereits in EwG 41 der Datenschutz-Richtlinie angelegt ist. Je mehr Algorithmen jedoch das alltägliche Leben durchdringen werden, desto stärker wird das Verlangen der betroffenen Personen nach Transparenz hervortreten (Europäischer Datenschutzbeauftragter 2015, S. 10 f.). Das gilt umso mehr, sofern die durch Algorithmen gefällten oder maßgeblich beeinflussten Entscheidungen die betroffenen Personen rechtlich, wirtschaftlich oder in anderer Weise erheblich beeinträchtigen.

Auch wenn die unterschiedlichen Positionen in einem unvereinbaren Konflikt zu stehen scheinen, ist es möglich, Lösungen zu entwickeln, die den Interessen beider Parteien gerecht werden. Entscheidend ist es hierbei, zwischen den Positionen der Beteiligten und ihren dahinterliegenden Interessen zu trennen. Der betroffenen Person geht es (auch ausweislich EwG 63 DS-GVO)in erster Linie darum, die Rechtmäßigkeit der Datenverarbeitung überprüfen zu können. Dagegen liegt das Hauptinteresse des Verantwortlichen darin, den Algorithmus vor Manipulationen durch betroffenen Personen oder vor Kopien durch Wettbewerber zu schützen. Erste Lösungsansätze für einen interessensgerechten Ausgleich könnten beispielsweise sog. Non Disclosure Agreements oder Prüfungen und Zertifizierungen durch unabhängige Dritte wie die Datenschutzaufsichtsbehörden sein (Martini 2014, S. 1489; Europäischer Datenschutzbeauftragter 2015, S. 11; vgl. auch Roßnagel et al. 2001, S. 89 f.). Sofern es zu gerichtlichen Auseinandersetzungen kommt, könnten Regelungen zu einem „In-camera-Verfahren" (Martini 2014, S. 1485 f.) nach dem Vorbild des § 99 VwGO (Lang, in Sodan und Ziekow 2014, § 99, Rn. 1 ff.) eingeführt werden. Dabei wird eine Seite verpflichtet, bestimmte Informationen ausschließlich dem Gericht vorzulegen, ohne dass andere Verfahrensbeteiligte oder die Öffentlichkeit den Inhalt zur Kenntnis erhalten. Damit wird zwar nur, aber immerhin eine unabhängige gerichtliche Kontrolle ermöglicht. Zu klären wäre freilich, worauf genau sich dieses besondere gerichtliche Verfahren erstrecken soll und welche Informationen zu diesem Zweck vorzulegen wären.

Sollte diese rechtliche Hürde überwunden sein, besteht jedoch ein zweites, tatsächliches Problem. Versteht man Transparenz im Sinne von Art. 5

Urheberrecht an Software, nicht beeinträchtigen. Dies darf jedoch nicht dazu führen, dass der betroffenen Person jegliche Auskunft verweigert wird."

Abs. 1 a) DS-GVO als Instrument, welches es der betroffenen Person ermöglicht, die sie betreffende Datenverarbeitung nachzuvollziehen, zu kontrollieren und gegebenenfalls mit Hilfe ihrer Betroffenenrechte zu steuern, dann führt die Komplexität der eingesetzten Algorithmen zu erheblichen Umsetzungsschwierigkeiten. Das reine Zugänglichmachen des Algorithmus als Code wird es der durchschnittlichen betroffenen Person kaum ermöglichen, die konkrete Datenverarbeitung zu hinterfragen. Im Übrigen würde eine solche Art der Informationsbereitstellung nicht den Anforderungen des Art. 12 Abs. 1 DS-GVO genügen. Danach muss der Verantwortliche geeignete Maßnahmen treffen, um der betroffenen Person alle Informationen gemäß den Art. 13 bis 22 und Art. 34 DS-GVO, die sich auf die Verarbeitung beziehen, in „präziser, transparenter, verständlicher und leicht zugänglicher Form in einer klaren und einfachen Sprache" zu übermitteln. Fraglich ist, was diese Anforderungen hinsichtlich der Darstellung von Algorithmen bedeuten. Sollte beispielsweise der Verantwortliche verpflichtet werden, alle eingesetzten Algorithmen auch in einem allgemein verständlichen „Pseudocode"[27] beschreiben zu können? Eine denkbare Alternative wäre die Bereitstellung in einer standardisierten Form, die eine Prüfung durch einen durch die betroffenen Personen bestimmten Sachverständigen oder die zuständige Aufsichtsbehörde ermöglicht. Ob derartige Pflichten bestehen und wie weit diese reichen, ist aber bisher völlig ungeklärt.

Dieses praktische Problem ist fundamental, denn es besteht nicht nur mit Blick auf die betroffene Person, sondern auch hinsichtlich etwaiger Dritter, die als Kontrolleure fungieren sollen. Es kann nicht selbstverständlich davon ausgegangen werden, dass alle Datenschutzaufsichtsbehörden die Kompetenzen und Ressourcen haben, um komplexe Algorithmen zu verstehen und zu kontrollieren. In noch stärkerem Maße gilt dies für die Gerichte, die sich nicht einmal schwerpunktmäßig mit datenschutzrechtlichen Fragen auseinandersetzen. Zwar besteht die Möglichkeit, externe Sachverständige hinzuzuziehen und Gutachten einzuholen, jedoch erhöhen diese die Verfahrenskosten nicht unerheblich. In diesem Fall ist zu befürchten, dass nicht wenige betroffene Personen aufgrund der drohenden Kostenlast im Falle eines Unterliegens vor der Ausübung ihrer Betroffenenrechte zurückschre-

---

27 Bei „Pseudocode" handelt es sich um einen Code, der nicht zur Interpretation durch eine Maschine, sondern lediglich zur Veranschaulichung eines Algorithmus dient, vgl. https://de.wikipedia.org/wiki/Pseudocode.

cken. Es muss daher geprüft werden, wo Algorithmus-Expertise bereits vorhanden ist, wo sie künftig geschaffen werden könnte und wie diese Experten als Algorithmen-Kontrolleure nutzbar gemacht werden könnten. Auf institutioneller Ebene wäre es auch denkbar, spezielle akkreditierte Kontrollstellen – eine Art „Algorithmus-TÜV" (Fischermann und Hamann 2013) – zu schaffen, welche die Tätigkeiten der Aufsichtsbehörden unterstützen. Solche akkreditierten Stellen wurden in der Datenschutz-Grundverordnung bereits in Art. 41 DS-GVO für die Überwachung von Verhaltensregeln und in Art. 43 DS-GVO für die Kontrolle von Zertifizierungen implementiert. Hieran ließe sich anknüpfen. Ohne eine Bündelung von Expertise bleibt dagegen zu befürchten, dass die vorhandenen Kontrollstellen mit Blick auf Big Data-Anwendungen nur mehr „Potemkinsche Dörfer" darstellen.

## 6	Ausblick

Da einige der erläuterten Herausforderungen von Big Data konzeptionelle Fragen des Datenschutzrechts betreffen, wäre eine optimale Strategie zu ihren Lösungen ebenfalls auf Konzeptebene anzusiedeln. Hierfür sind bisher allerdings (von radikalen Lösungen wie der Aufgabe von Datenschutz und Privatheit abgesehen) bisher kaum mehr als Ansätze erkennbar.

Lohnenswerte Überlegungen lassen sich demgegenüber für Einzelfragen anstellen. Das betrifft zunächst regulierungstechnische Aspekte. Diese müssen sich auf nationaler Ebene nunmehr zwar an den Öffnungsklauseln der Datenschutz-Grundverordnung messen lassen; diese dürfte aber für eine ganze Reihe relevanter Fragen nationale Regulierungen ermöglichen.[28] Eine bereichsspezifische Regulierung von Big Data-Anwendungen kann dort sinnvoll sein, wo es um sensible Daten, besondere Risikolagen oder gesellschaftlich relevante Prozesse und Märkte geht. Dies kann im Extremfall bis hin zu Verboten gehen, betrifft aber vor allem Grenzen für staatliche Anwendungen in grundrechtssensiblen Bereichen, übergreifende Probleme wie die Kontrolle von Mutmaßungen und schließlich das drängende Problem der Datensicherheit.

28	Siehe umfassend und mit teils unterschiedlichen Positionen Kühling et al. 2016; Roßnagel 2016.

Da die Vermeidung von Daten in vielen Bereichen mit den Rationalitäten von Big Data unvereinbar ist, bedarf es überdies (nicht nur) rechtlicher Regeln für die Verwendung des auf dieser Basis generierten Wissens. Dazu wird zunächst Transparenz über Datenquellen und Datenqualität benötigt, vor allem aber Erkenntnisse über Algorithmen und ihr Entscheidungsverhalten. Nur auf dieser Basis wird es möglich sein, rechtliche Vorgaben für dieses Verhalten aufzustellen oder überhaupt zu diskutieren, die neben dem Datenschutz auch Verbraucherschutz und Spezialfragen wie Diskriminierungsverbote umfassen sollten. Einige dieser Herausforderungen liegen außerhalb des Datenschutzrechts – teilweise auch deshalb, weil die Probleme auch ohne personenbezogene Daten auftreten, wenn beispielsweise individuelle Preisangebote auf der Basis statistischer Zusammenhänge gebildet werden.

Um datenschutzrechtlichen Vollzugsdefiziten in der komplexen Welt von Big Data zu begegnen, bedarf es eines Instrumentenmixes, in dem verschiedene Governance-Instrumente zusammenwirken. Die betroffenen Personen spielen dabei eine wichtige Rolle, dürften aber vielfach an Grenzen stoßen, wenn es um das Verständnis vernetzter Prozesse und rechtlicher Anforderungen geht. Es führt deshalb kein Weg an der Kontrolle durch professionelle Akteure vorbei. Hierzu hält die Datenschutz-Grundverordnung hergebrachte und neue Instrumente bereit, beispielsweise Datenschutzaudits, Codes of Conduct und Datenschutz-Folgenabschätzungen. Zu den bekannten Akteuren wie betrieblichen und behördlichen Datenschutzbeauftragten sowie den Aufsichtsbehörden treten Verbraucherschutzorganisationen, die mit dem neuen Instrument des Verbandsklagerechts tätig werden können, sowie die neu eingeführten akkreditierten Kontrollstellen. Ob dadurch eine sachgemäße Kontrolle von Big Data-Anwendungen etabliert werden kann, wird aber auch davon abhängen, ob es gelingt, technische Expertise – insbesondere mit Blick auf Algorithmen – für die verschiedenen Akteure zu gewinnen.

Angesichts der Bandbreite an rechtlichen Einflussmöglichkeiten besteht kein Anlass, die datenschutzrechtlichen Vorgaben kapitulieren zu lassen, weil sie sich mit manchen Eigenschaften von Big Data nicht vertragen. Aus rechtlicher Sicht wäre dies ohnehin nicht möglich, solange man nicht die Vorstellung aufgibt, dass Datenschutz Grundrechtsschutz ist. Genauso deutlich ist aber, dass das Recht alleine mit dieser Aufgabe überfordert wäre. Insofern besteht ein erheblicher Bedarf nach interdisziplinärer Forschung, um innovative Big Data-Geschäftsmodelle zu ermöglichen und zugleich rechtlich gebotene, technisch mögliche und für die betroffenen Personen effektive Datenschutzinstrumente bereitzustellen.

Literatur

Albers, M. (2005). *Informationelle Selbstbestimmung.* Baden-Baden: Nomos.

Albrecht, J. P. & Jotzo, F. (2017). *Das neue Datenschutzrecht der EU, Grundlagen – Gesetzgebungsverfahren – Synopse.* Baden-Baden: Nomos.

Art. 29-Datenschutzgruppe. (Hrsg.). (2007). *Stellungnahme 4/2007 zum Begriff „personenbezogene Daten".* WP 136. http://ec.europa.eu/justice/data-protection/article-29/documentation/opinion-recommendation/files/2007/wp136_de.pdf. Zugegriffen: 3. August 2017.

Art. 29-Datenschutzgruppe. (Hrsg.). (2010). *Stellungnahme 3/2010 zum Grundsatz der Rechenschaftspflicht.* WP 173. http://ec.europa.eu/justice/data-protection/article-29/documentation/opinion-recommendation/files/2010/wp173_de.pdf. Zugegriffen: 3. August 2017.

Art. 29-Datenschutzgruppe. (Hrsg.). (2013). *Opinion 03/2013 on purpose limitation.* WP 203. http://ec.europa.eu/justice/data-protection/article-29/documentation/opinion-recommendation/files/2013/wp203_en.pdf. Zugegriffen: 3. August 2017.

Art. 29-Datenschutzgruppe. (Hrsg.). (2014a). *Stellungnahme 5/2014 zu Anonymisierungstechniken.* WP 216. http://ec.europa.eu/justice/data-protection/article-29/documentation/opinion-recommendation/files/2014/wp216_de.pdf. Zugegriffen: 3. August 2017.

Art. 29-Datenschutzgruppe. (Hrsg.). (2014b). *Statement on Statement of the WP29 on the impact of the development of big data on the protection of individuals with regard to the processing of their personal data in the EU.* WP 221. http://ec.europa.eu/justice/data-protection/article-29/documentation/opinion-recommendation/files/2014/wp221_de.pdf. Zugegriffen: 3. August 2017.

Bäcker, M. (2009). Das IT-Grundrecht: Funktion, Schutzgehalt, Auswirkungen auf staatliche Ermittlungen. In R. Uerpmann-Wittzak (Hrsg.), *Das neue Computergrundrecht* (S. 1-30).

Bitkom. (Hrsg.). (2012). *Big Data im Praxiseinsatz, Szenarien, Beispiele, Effekte.* https://www.bitkom.org/noindex/Publikationen/2012/Leitfaden/Leitfaden-Big-Data-im-Praxiseinsatz-Szenarien-Beispiele-Effekte/BITKOM-LF-big-data-2012-online1.pdf. Zugegriffen: 3. August 2017.

Bitkom. (Hrsg.). (2014). *Big Data-Technologien, Wissen für Entscheider.* https://www.bitkom.org/noindex/Publikationen/2014/Leitfaden/Big-Data-Technologien-Wissen-fuer-Entscheider/140228-Big-Data-Technologien-Wissen-fuer-Entscheider.pdf. Zugegriffen: 3. August 2017.

Böckenförde, T. (2008). Auf dem Weg zur elektronischen Privatsphäre. *Juristenzeitung, 19,* 925-939.

Boehme-Neßler, V. (2016). Das Ende der Anonymität, Wie Big Data das Datenschutzrecht verändert. *Datenschutz und Datensicherheit,* 419–423.

Booz & Company. (Hrsg.). (2012). *Benefitting from Big Data, Leveraging Unstructured Data Capabilities for Competitive Advantage.* https://www.strategyand.pwc.com/media/file/Strategyand_Benefiting-from-Big-Data.pdf. Zugegriffen: 3. August 2017.

Brisch, K. & Pieper, F. (2015). Das Kriterium der Bestimmbarkeit bei Big Data-Analyseverfahren, Anonymisierung, Vernunft und rechtliche Absicherung bei Datenübermittlungen. *Computer und Recht,* 31(11), 724–729.

Britz, G. (2009). Europäisierung des grundrechtlichen Datenschutzes. *Europäische Grundrechte-Zeitschrift,* 1–11.

Buchner, B. (2016). Grundsätze und Rechtmäßigkeit der Datenverarbeitung unter der DS-GVO. *Datenschutz und Datensicherheit,* 155–161.

Bundesgerichtshof (2014), Urteil vom 28.1.2014, VI ZR 156/13, *BGHZ* 200, 38-51 (SCHUFA).

Bundesverfassungsgericht (1983), Urteil vom 15.12.1983, 1 BvR 209, 269, 362, 420, 440, 484/83, *BVerfGE* 65, 1-71 (Volkszählung).

Bundesverfassungsgericht (2004), Urteil vom 03.03.2004, 1 BvR 2378/98, 1084/99, *BVerfGE* 109, 279-391 (Großer Lauschangriff).

Calliess, C. & Ruffert, M. (Hrsg.). (2016). *Das Verfassungsrecht der Europäischen Union mit Europäischer Grundrechtecharta,* 5. Aufl., München: C.H.Beck.

Cox, M. & Ellsworth, D. (1977). Application-controlled demand paging for out-of-core visualization. In IEEE (Hrsg.), *Proceedings of the 8th conference on Visualization*.

Culik, N. & Döpke, C. (2017). Zweckbindungsgrundsatz gegen unkontrollierten Einsatz von Big Data-Anwendungen. Analyse möglicher Auswirkungen der DS-GVO. *Zeitschrift für Datenschutz*, 226–230.

Dammann, U. (2016). Erfolge und Defizite der EU-Datenschutzgrundverordnung, Erwarteter Fortschritt, Schwächen und überraschende Innovationen. *Zeitschrift für Datenschutz*, 307–314.

Dammann, U. & Simitis, S. (Hrsg.). (1997). *EG-Datenschutzrichtlinie*. Kommentar, Baden-Baden.

Diebold, F. (2012). A Personal Perspective on the Origin(s) and Development of Big Data, The Phenomenon, the Term, and the Discipline. *PIER Working Paper 13-003*. http://dx.doi.org/10.2139/ssrn.2202843.

Dix, A. (2016). Datenschutz im Zeitalter von Big Data, Wie steht es um den Schutz der Privatsphäre? *Stadtforschung und Statistik*, 59–64.

Dorschel, J., Dorschel, W., Föhl, U., van Geenen, W., Hertweck, D., Kinitzki, M., Küller, P., Lanquillon, C., Mallow, H., März, L., Omri, F., Schacht, S., Stremler, A., Theobald, E. (2015). Wirtschaft. In J. Dorschel (Hrsg.), *Praxishandbuch Big Data, Wirtschaft – Technik – Recht* (S. 15-166). Wiesbaden.

ENISA (Hrsg.). (2015). *Big Data Security, Good Practices and Recommendations on the Security and Resilience of Big Data Services*. https://www.enisa.europa.eu/publications/big-data-security. Zugegriffen: 3. August 2017.

ENISA (Hrsg.). (2016). *Big Data Threat Landscape and Good Practice Guide*. https://www.enisa.europa.eu/publications/bigdata-threat-landscape. Zugegriffen: 3. August 2017.

Europäischer Datenschutzbeauftragter (Hrsg.). (2015). *Bewältigung der Herausforderungen in Verbindung mit Big Data, Ein Ruf nach Transparenz, Benutzerkontrolle, eingebautem Datenschutz und Rechenschaftspflicht*. https://edps.europa.eu/sites/edp/files/publication/15-11-19_big_data_de.pdf. Zugegriffen: 3. August 2017.

Europäischer Gerichtshof (2016), Urteil vom 19.10.2016, C-582/14 (Breyer/Deutschland), *Neue Juristische Wochenzeitschrift*, 3579–3583.

Europarat (Hrsg.). (2016). „Of Data and Men", Fundamental Rights and Freedoms in a World of Big Data. https://works.bepress.com/antoinette_rouvroy/64/. Zugegriffen: 3. August 2017.

EY (Hrsg.). (2014). *Big data, Changing the way businesses compete and operate.* http://www.ey.com/Publication/vwLUAssets/EY_-_Big_data:_changing_the_way_businesses_operate/$FILE/EY-Insights-on-GRC-Bigdata.pdf. Zugegriffen: 3. August 2017.

Fels, G., Lanquillon, C., Mallow, H., Schinkel, F. & Schulmeyer, C. (2015). Technik. In J. Dorschel (Hrsg.), *Praxishandbuch Big Data, Wirtschaft – Technik – Recht* (S. 255-331). Wiesbaden.

Fischermann, T. & Hamann, G. (2013). *Den TÜV fürs Netz, bitte* (Interview mit Viktor Mayer-Schönberger). http://www.zeit.de/2013/09/Internet-Tuev-Viktor-Mayer-Schoenberger-Big-Data/komplettansicht. Zugegriffen: 3. August 2017.

Greve, H. (2017). Das neue Bundesdatenschutzgesetz. *Neue Zeitschrift für Verwaltungsrecht,* 737–744.

Gurlit, E. (2010). Verfassungsrechtliche Rahmenbedingungen des Datenschutzes. *Neue Juristische Wochenschrift,* 1035–1041.

Hammer, V. & Knopp, M. (2015). Datenschutzinstrumente Anonymisierung, Pseudonyme und Verschlüsselung. *Datenschutz und Datensicherheit,* 503–509, DOI: 10.1007/s11623-015-0460-2.

Himma, K. E. & Tavani, H. T. (Hrsg.). (2008). *Handbook of Information and Computer Ethics.* New Jersey: Wiley.

Hoeren, T. (2016a). Big Data und Datenqualität – ein Blick auf die DS-GVO, Annäherungen an Qualitätsstandards und deren Harmonisierung. *Zeitschrift für Datenschutz,* 459–463.

Hoeren, T. (2016b). Thesen zum Verhältnis von Big Data und Datenqualität, Erstes Raster zum Erstellen juristischer Standards. *MultiMedia und Recht,* 8-11.

Hoeren, T., Sieber, U. & Holznagel, B. (Hrsg.). (2016c). *Handbuch Multimedia-Recht, Rechtsfragen des elektronischen Geschäftsverkehrs,* München: C.H.Beck.

Hoffmann-Riem, W. (2008). Der grundrechtliche Schutz der Vertraulichkeit und Integrität eigengenutzter informationstechnischer Systeme. *Juristenzeitung,* 1009-1022.

Hoffmann-Riem, W. (2017). Verhaltenssteuerung durch Algorithmen. Eine Herausforderung für das Recht. *Archiv des öffentlichen Rechts*, 1-42.

Hornung, G. (2008). Ein neues Grundrecht. Der verfassungsrechtliche Schutz der „Vertraulichkeit und Integrität informationstechnischer Systeme, *Computer und Recht*, 299-306.

Hornung, G. (2010). Kontrollierte Vernetzung – vernetzte Kontrolle? Das Recht in Zeiten des Ubiquitous Computing. In L. Hempel, Krasmann, S., Bröckling, U. (Hrsg.). Sichtbarkeitsregime. Überwachung, Sicherheit und Privatheit im 21. Jahrhundert. *Leviathan Sonderheft 25*, 245-262.

Hornung, G. (2012). Eine Datenschutz-Grundverordnung für Europa? Licht und Schatten im Kommissionsentwurf vom 25.1.2012, *Zeitschrift für Datenschutz*, 99-106.

Hornung, G. (2013). Regulating privacy enhancing technologies: seizing the opportunity of the future European Data Protection Framework, Innovation. *The European Journal of Social Science Research*, 181-196.

Hornung, G. (2015). *Grundrechtsinnovationen*. Tübingen: Mohr Siebeck.

Hornung, G. (2017). Datensparsamkeit: Zukunftsfähig statt überholt. *Spektrum SPEZIAL Physik Mathematik Technik 1/2017*, 62-67.

Hornung, G. & Engemann, C. (Hrsg.). (2016). *Der digitale Bürger und seine Identität*. Baden-Baden: Nomos.

Hornung, G. & Hofmann, K. (2017). Die Auswirkungen der europäischen Datenschutzreform auf die Markt- und Meinungsforschung. *Zeitschrift für Datenschutz-Beilage 2017/4*, 1-16.

IEEE. (Hrsg.). (1997). *Proceedings of the 8th conference on Visualization*.

Information Commissioner's Office (ICO). (Hrsg.). (2011). *Data sharing code of practice*. https://ico.org.uk/media/for-organisations/documents/1068/data_sharing_code_of_practice.pdf. Zugegriffen: 3. August 2017.

Internationale Arbeitsgruppe für Datenschutz in der Telekommunikation. (Hrsg.). (2014). *Arbeitspapier zu Big Data und Datenschutz, Bedrohung der Grundsätze des Datenschutzes in Zeiten von Big-Data-Analysen*. https://www.bfdi.bund.de/SharedDocs/Publikationen/Sachthemen/BerlinGroup/55_DigData.html. Zugegriffen: 3. August 2017.

Jarass, H. D. (Hrsg.). (2016). *Charta der Grundrechte der Europäischen Union*, Kommentar, 3. Aufl., München: C.H.Beck.

Jung, A. (2016). *Grundrechtsschutz auf europäischer Ebene. Am Beispiel des personenbezogenen Datenschutzes.* Hamburg: Dr. Kovač.

Klein, D., Tran-Gia, P. & Hartmann, M. (2013). Big Data. *Informatik-Spektrum,* 319–323.

Kühling, J. (2014). Rückkehr des Rechts: Verpflichtung von „Google & Co." zu Datenschutz, *Europäische Zeitschrift für Wirtschaftsrecht,* 527–532.

Kühling, J., Martini, M., Heberlein, J., Kühl, B., Nink, D., Weinzierl, Q. & Wenzel, M. (2016). *Die Datenschutz-Grundverordnung und das nationale Recht. Erste Überlegungen zum innerstaatlichen Regelungsbedarf.* Münster: MV-Verlag.

Kühling, J., Seidel, C. & Sivridis, A. (2015). *Datenschutzrecht.* 3. Aufl., Heidelberg: C.F.Müller.

Laney, D. (2001). *3D Data Management, Controlling Data Volume, Velocity, and Variety.* META Group Research Note, 6. https://blogs.gartner.com/doug-laney/files/2012/01/ad949-3D-Data-Management-Controlling-Data-Volume-Velocity-and-Variety.pdf. Zugegriffen: 3. August 2017.

Lischka, K. (2007). *Informatiker knacken anonymisierte Datenbank per Web-Suche.* SPIEGEL ONLINE v. 13.12.2007. http://www.spiegel.de/netzwelt/web/datenschutz-debakel-informatiker-knacken-anonymisierte-datenbank-per-web-suche-a-523216.html. Zugegriffen: 3. August 2017.

Marnau, N. (2016). Anonymisierung, Pseudonymisierung und Transparenz für Big Data, Technische Herausforderungen und Regelungen in der Datenschutz-Grundverordnung. *Datenschutz und Datensicherheit,* 428-433.

Martini, M. (2014). Big Data als Herausforderung für den Persönlichkeitsschutz und das Datenschutzrecht. *Deutsches Verwaltungsblatt,* 1481-1489.

Masing, J. (2012). Herausforderungen des Datenschutzes. *Neue Juristische Wochenschrift,* 2305-2311.

Maunz, T. & Dürig, G. (Begr.). (2016). *Grundgesetz-Kommentar,* hrsg. von Herzog, R., Herdegen, M., Scholz, R. & Klein H, Stand: 79. Lieferung Dezember 2016. München.

Mayer-Schönberger, V. (2015). Zur Beschleunigung menschlicher Erkenntnis. *Aus Politik und Zeitgeschichte 11-12*, 14–19.

McKinsey. (Hrsg.). (2011). *Big data, The next frontier for innovation, competition, and productivity.* https://bigdatawg.nist.gov/pdf/MGI_big_data_full_report.pdf. Zugegriffen: 3. August 2017.

Michl, W. (2017). Das Verhältnis zwischen Art. 7 und Art. 8 GRCh, Zur Bestimmung der Grundlage des Datenschutzgrundrechts im EU-Recht. *Datenschutz und Datensicherheit,* 349–353.

Monreal, M. (2016). Weiterverarbeitung nach einer Zweckänderung in der DS-GVO. *Zeitschrift für Datenschutz,* 507–512.

Narayanan, A. & Shmatikov, V. (2008). *Robust De-anonymization of Large Datasets, How To Break Anonymity of the Netflix Prize Dataset.* http://arxiv.org/pdf/cs/0610105v2. Zugegriffen: 3. August 2017.

Paal, B. & Pauly, D. (Hrsg.). (2017). *Datenschutz-Grundverordnung,* Kommentar, München: C.H.Beck.

Press, G. (2013). *A Very Short History Of Big Data.* https://www.forbes.com/sites/gilpress/2013/05/09/a-very-short-history-of-big-data/#7f3fcabd65a1. Zugegriffen: 3. August 2017.

Raabe, O. & Wagner, M. (2016). Verantwortlicher Einsatz von Big Data. Ein Zwischenfazit zur Entwicklung von Leitplanken für die digitale Gesellschaft. *Datenschutz und Datensicherheit,* 434–439.

Richards, N. M. & King, J. H. (2014). Big Data Ethics. *Wake Forest Law Review,* 393–432.

Richter, P. (2016). Big Data, Statistik und die Datenschutz-Grundverordnung. *Datenschutz und Datensicherheit,* 581–586.

Roßnagel, A. (2007). *Datenschutz in einem informatisierten Alltag.* Berlin: Friedrich-Ebert-Stiftung.

Roßnagel, A. (2013). Big Data – Small Privacy, Konzeptionelle Herausforderungen für das Datenschutzrecht. *Zeitschrift für Datenschutz,* 562-567.

Roßnagel, A. (Hrsg.). (2016). *Europäische Datenschutz-Grundverordnung. Vorrang des Unionsrechts – Anwendbarkeit des nationalen Rechts.* Baden-Baden.

Roßnagel, A., Pfitzmann, A. & Garstka, H. (2001). *Modernisierung des Datenschutzrechts.* Gutachten im Auftrag des Bundesministeriums des Innern. https://www.bfdi.bund.de/SharedDocs/VortraegeUndArbeitspapiere/

2001GutachtenModernisierungDSRecht.pdf?__blob=publicationFile. Zugegriffen: 3. August 2017.

Sarunski, M. (2016). Big Data – Ende der Anonymität. *Datenschutz und Datensicherheit*, 424-427.

Schiedermair, S. (2012). *Der Schutz des Privaten als internationales Grundrecht.* Tübingen: Mohr Siebeck.

Schneider, H. (1984). Verfassungsrechtliche Beurteilung des Volkszählungsgesetzes 1983. *Die Öffentliche Verwaltung*, 161-164.

Schwartmann, R. (2015). Datentransfer in die Vereinigten Staaten ohne Rechtsgrundlage, Konsequenzen der Safe-Harbor-Entscheidung des EuGH. *Europäische Zeitschrift für Wirtschaftsrecht*, 864-868.

Simitis, S. (1997). Die EU-Datenschutzrichtlinie. Stillstand oder Anreiz? *Neue Juristische Wochenschrift*, 281–288.

Simitis, S. (Hrsg.). (2014). *Bundesdatenschutzgesetz*, Kommentar, 8. Aufl., Baden-Baden: Nomos.

Skouris, V. (2016). Leitlinien der Rechtsprechung des EuGH zum Datenschutz. *Neue Zeitschrift für Verwaltungsrecht*, 1359-1364.

Sodan, H. & Ziekow, J. (Hrsg.). (2014). *Verwaltungsgerichtsordnung*, Großkommentar, 4. Aufl., Baden-Baden: Nomos.

Steinmüller, W., Lutterbeck, B., Mallmann, C., Harbort, U., Kolb, G. & Schneider, J. (1971). *Grundfragen des Datenschutzes.* Gutachten im Auftrag des Bundesministeriums des Innern, BT-Drs. 6/3826.

Sydow, G. & Kring, M. (2014). Die Datenschutzgrundverordnung zwischen Technikneutralität und Technikbezug, Konkurrierende Leitbilder für den europäischen Rechtsrahmen. *Zeitschrift für Datenschutz*, 271–276.

Taeger, J. (2014). *Datenschutzrecht. Einführung.* Frankfurt am Main: Fachmedien Recht und Wirtschaft.

Tinnefeld, M.-T., Buchner, B. & Petri, T. (2012). *Einführung in das Datenschutzrecht. Datenschutz und Informationsfreiheit in europäischer Sicht*, 5. Aufl., München: De Gruyter Oldenbourg.

Wagner, L.-J. (2015). *Der Datenschutz in der Europäischen Union.* Wien: Jan Sramek.

Weichert, T. (2013). Big Data und Datenschutz. Chancen und Risiken einer neuen Form der Datenanalyse. *Zeitschrift für Datenschutz*, 251–259.

Werkmeister, C. & Brandt, E. (2016). Datenschutzrechtliche Herausforderungen für Big Data. *Computer und Recht*, 233–238.

Wolff, H. A. & Brink, S. (Hrsg.). (2017). *Beck'scher Onlinekommentar Datenschutzrecht*. 19. Edition, München: C.H.Beck.

Ziegenhorn, G. & Heckel, K. von (2016). Datenverarbeitung durch Private nach der europäischen Datenschutzreform, Auswirkungen der Datenschutz-Grundverordnung auf die materielle Rechtmäßigkeit der Verarbeitung personenbezogener Daten. *Neue Zeitschrift für Verwaltungsrecht*, 1585–1591.

Zieger, C. & Smirra, N. (2013). Fallstricke bei Big Data-Anwendungen, Rechtliche Gesichtspunkte bei der Analyse fremder Datenbestände. *MultiMedia und Recht*, 418–421.

Adressen der Autorinnen und Autoren

Prof. Dr. Thomas K. Bauer, RWI - Leibniz-Institut für Wirtschaftsforschung e.V., Hohenzollernstr. 1-3, 45128 Essen
E-Mail: bauer@rwi-essen.de

Dr. Phillip Breidenbach, RWI - Leibniz-Institut für Wirtschaftsforschung e.V., Hohenzollernstr. 1-3, 45128 Essen
E-Mail: breidenbach@rwi-essen.de

Karin Frößinger, Lehrstuhl für Statistik und sozialwissenschaftliche Methodenlehre, Universität Mannheim, 68131 Mannheim
E-Mail: froessinger@uni-mannheim.de

Constantin Herfurth, Institut für Wirtschaftsrecht, FB Wirtschaftswissenschaften, Universität Kassel, Henschelstraße 4, 34127 Kassel
E-Mail: constantin.herfurth@uni-kassel.de

Prof. Dr. Gerrit Hornung, Institut für Wirtschaftsrecht, FB Wirtschaftswissenschaften, Universität Kassel, Henschelstraße 4, 34127 Kassel
E-Mail: gerrit.hornung@uni-kassel.de

Prof. Dr. Göran Kauermann, Ludwig-Maximilians-Universität München, Ludwigstraße 33, 80539 München
E-Mail: goeran.kauermann@stat.uni-muenchen.de

Prof. Dr. Florian Keusch, Lehrstuhl für Statistik und sozialwissenschaftliche Methodenlehre, Universität Mannheim, 68131 Mannheim
E-Mail: f.keusch@uni-mannheim.de

Prof. Dr. Frauke Kreuter, Lehrstuhl für Statistik und sozialwissenschaftliche Methodenlehre, Universität Mannheim, 68131 Mannheim
E-Mail: frauke.kreuter@uni-mannheim.de

Dr. Martina Rengers, Statistisches Bundesamt, Gustav-Stresemann-Ring 11, 65189 Wiesbaden
E-Mail: martina.rengers@destatis.de

Thomas Riede, Statistisches Bundesamt, Gustav-Stresemann-Ring 11, 65189 Wiesbaden
E-Mail: thomas.riede@destatis.de

Evgenia Samoilova, PhD, Lehrstuhl für Statistik und sozialwissenschaftliche
Methodenlehre, Universität Mannheim, 68131 Mannheim
E-Mail: esamoilo@mail.uni-mannheim.de

Dr. Sandra Schaffner, RWI - Leibniz-Institut für Wirtschaftsforschung e.V.,
Hohenzollernstr. 1-3, 45128 Essen
E-Mail: schaffner@rwi-essen.de

Katharina Schüller, STAT UP, Statistische Beratung & Dienstleistungen,
Leopoldstraße 48, 80802 München
E-Mail: schueller@stat-up.de

Sibylle von Oppeln-Bronikowski, Statistisches Bundesamt, Gustav-
Stresemann-Ring 11, 65189 Wiesbaden
E-Mail: sibylle.oppeln@destatis.de

Bernd Wachter, PSYMA GROUP AG, Fliedersteig 15-17, 90607 Rückersdorf
E-Mail: bernd.wachter@psyma.com

Erich Wiegand, ADM Arbeitskreis Deutscher Markt- und Sozialforschungsinstitute e.V., Langer Weg 18, 60489 Frankfurt am Main
E-Mail: office@adm-ev.de

Lara Wiengarten, Statistisches Bundesamt, Gustav-Stresemann-Ring 11,
65189 Wiesbaden
E-Mail: lara.wiengarten@destatis.de

Prof. Dr. Markus Zwick, Statistisches Bundesamt, Gustav-Stresemann-Ring
11, 65189 Wiesbaden
E-Mail: markus.zwick@destatis.de

The manufacturer's authorised representative in the EU is Springer
Nature Customer Service Centre GmbH, Europaplatz 3, 69115 Heidelberg,
Germany. If you have any concerns regarding our products, please
contact ProductSafety@springernature.com

Printed and bound by CPI Group (UK) Ltd, Croydon, CR0 4YY
23/04/2026
02095588-0010